一週副食品 140道冰磚食譜

上田玲子
日本帝京科學大學兒童學教授・營養學博士◎營養指導
堀江佐和子
料理研究家／營養師 ◎調理指導・製作
林品秀◎翻譯

目錄 CONTENTS

目錄 CONTENTS

目錄 CONTENTS

12 ～ 18個月咀嚼期

第4週

專欄

\ 媽媽的好幫手 /

如何使用本書

說明「冷凍副食品食譜」的份量與加熱時間等使用方法。

副食品各時期名稱與大致月齡

吞食期 ……5 ～ 6個月左右

擠食期 ……7 ～ 8個月左右

咬食期 ……9 ～ 11個月左右

咀嚼期 ……1 ～ 1歲半左右

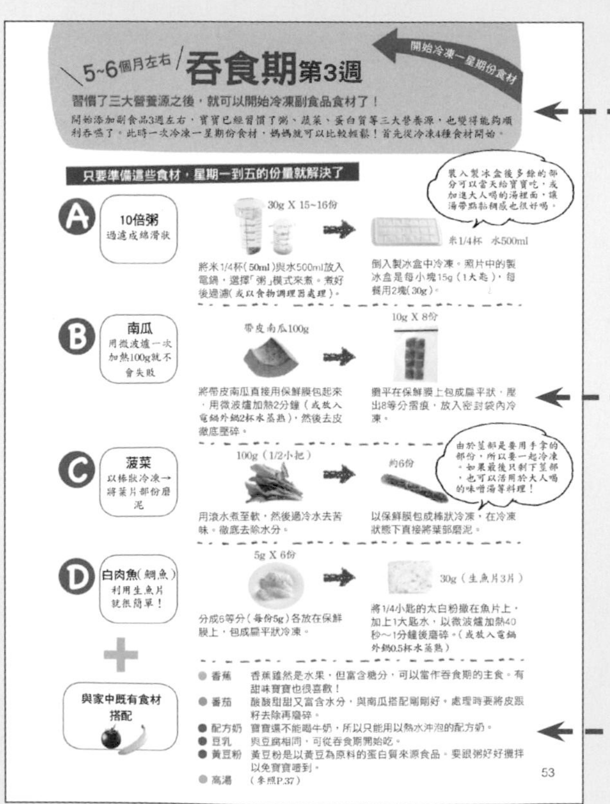

\ 5~6個月左右 / 吞食期第3週

開始冷凍一星期份食材

習慣了三大營養源之後，就可以開始冷凍副食品食材了！

開始添加副食品3週左右，寶寶已經習慣了粥、蔬菜、蛋白質等三大營養源，也變得能夠順利吞嚥了。此時一次冷凍一星期份食材，媽媽就可以比較輕鬆！首先從冷凍4種食材開始。

只要準備這些食材，星期一到五的份量就解決了

裝入製冰盒後多餘的部分可以當天給寶寶吃，或加進大人喝的湯裡面，讓湯帶點黏稠感也很好喝。

A 10倍粥 過濾成綿滑狀

30g X 15~16份

將米1/4杯(50ml)與水500ml放入電鍋，選擇「粥」模式來煮。煮好後過濾(或以食物調理器處理)。

米1/4杯　水500ml

倒入製冰盒中冷凍。照片中的製冰盒是每小塊15g（1大匙），每餐用2塊(30g)。

B 南瓜 用微波爐一次加熱100g就不會失敗

帶皮南瓜100g

將帶皮南瓜直接用保鮮膜包起來，用微波爐加熱2分鐘（或放入電鍋外鍋2杯水蒸熟），然後去皮徹底壓碎。

10g X 8份

攤平在保鮮膜上包成扁平狀，壓出8等分摺痕，放入密封袋內冷凍。

C 菠菜 以棒狀冷凍→將葉片部份磨泥

100g（1/2小把）

用滾水煮至軟，然後過冷水去苦味。徹底去除水分。

約6份

以保鮮膜包成棒狀冷凍，在冷凍狀態下直接將葉部磨泥。

由於莖部是要用手拿的部份，所以要一起冷凍。如果最後只剩下莖部，也可以活用於大人喝的味噌湯等料理！

D 白肉魚(鯛魚) 利用生魚片就很簡單！

5g X 6份

分成6等分(每份5g)各放在保鮮膜上，包成扁平狀冷凍。

30g（生魚片3片）

將1/4小匙的太白粉撒在魚片上，加上1大匙水，以微波爐加熱40秒～1分鐘後磨碎。(或放入電鍋外鍋0.5杯水蒸熟)

＋

與家中既有食材搭配

- 香蕉　香蕉雖然是水果，但富含糖分，可以當作吞食期的主食。有甜味寶寶也很喜歡！
- 番茄　酸酸甜甜又富含水分，與南瓜搭配剛剛好。處理時要將皮跟籽去除再磨碎。
- 配方奶　寶寶還不能喝牛奶，所以只能用以熱水沖泡的配方奶。
- 豆乳　與豆腐相同，可從吞食期開始吃。
- 黃豆粉　黃豆粉是以黃豆為原料的蛋白質來源食品。要跟粥好好攪拌以免寶寶嗆到。
- 高湯　(參照P.37)

53

每週主題

為讓媽媽做得開心，同時也能增進寶寶「與食物的新接觸」，每週主題為媽媽介紹適合初次挑戰的食材、料理小秘訣，以及避免吃膩的方法等等。

一週食材處理與冷凍方法

先決定主食（米飯、麵包或麵），再搭配適合或想嘗試的蔬菜、魚或肉等，每週冷凍4～6種。

既有食材與調味料

將容易取得的蔬菜，或是大人也想要多加攝取的豆腐等，與家中既有調味料搭配，讓一次冷凍作業不會太麻煩。

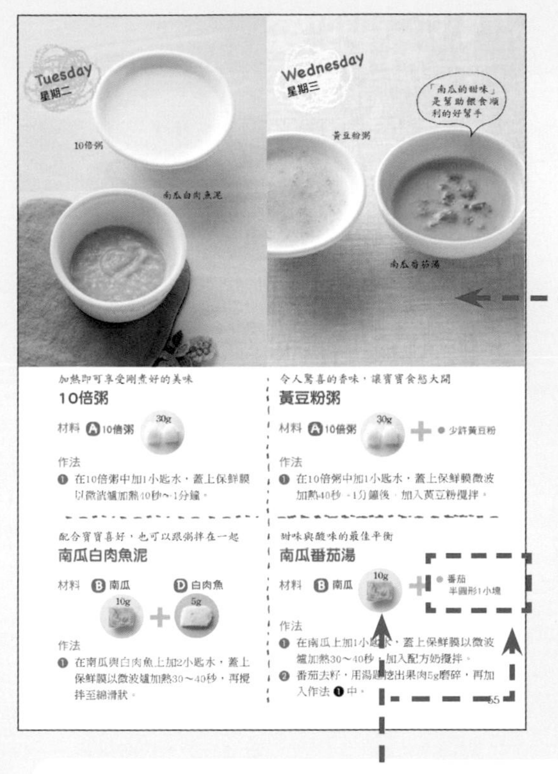

Tuesday
星期二

10倍粥

南瓜白肉魚泥

Wednesday
星期三

「南瓜的甜味」是幫助餵食順利的好幫手

黃豆粉粥

南瓜番茄湯

加熱即可享受剛煮好的美味
10倍粥

材料 Ⓐ10倍粥 30g

作法
❶ 在10倍粥中加1小匙水，蓋上保鮮膜以微波爐加熱40秒～1分鐘。

令人驚喜的香味，讓寶寶食慾大開
黃豆粉粥

材料 Ⓐ10倍粥 30g ＋ ● 少許黃豆粉

作法
❶ 在10倍粥中加1小匙水，蓋上保鮮膜微波加熱40秒～1分鐘後，加入黃豆粉攪拌。

配合寶寶喜好，也可以跟粥拌在一起
南瓜白肉魚泥

材料 Ⓑ南瓜 10g ＋ Ⓓ白肉魚 5g

作法
❶ 在南瓜與白肉魚上加2小匙水，蓋上保鮮膜以微波爐加熱30～40秒，再攪拌至綿滑狀。

甜味與酸味的最佳平衡
南瓜番茄湯

材料 Ⓑ南瓜 10g ＋ ● 番茄 半圓形1小塊

作法
❶ 在南瓜上加1小匙水，蓋上保鮮膜以微波爐加熱30～40秒，加入配方奶攪拌。
❷ 番茄去籽，用湯匙挖出果肉5g磨碎，再加入作法❶中。

55

建議範例菜色一餐份

本書為您提供從星期一到星期五，每天當中一餐的菜色。由於會處理以及冷凍較充份的食材，如果媽媽想要一整天使用冷凍食材的話，可以組合喜歡的菜色，用於第二或第三餐。

以顏色區別食材分類

擠食期之後，決定菜色時就必須考量營養均衡。請參考3種食品的顏色分類，來搭配出營養均衡的菜色。

● 熱量來源食品

● 維生素、礦物質來源食品

● 蛋白質來源食品

● 其他

- 1小匙＝5ml，1大匙＝15ml，1杯＝200ml
- 微波爐加熱時間是以600W來計算的概算值。500W時請加長至1.2倍。另外，依機種以及食材含水量，加熱時多少會出現差異，請斟酌情形調整。
- 電鍋的加熱時間以600W來換算。微波40秒 ～1分鐘＝外鍋加0.5杯水，微波1分30秒 ～2分鐘＝外鍋加1杯水，微波2分30秒 ～3分鐘＝外鍋加2杯水。請斟酌情形調整。
- 烤箱的加熱時間可能會依機種有所不同，請斟酌情形調整。食材表面看起來快要烤焦的時候，請在上面加蓋錫箔紙。
- 食譜的材料是一餐份。份量是去除皮或種子之後可食用部份的重量。
- 食譜中標示「用熱水溶解的奶粉」，指的是以規定量的熱水溶解調製的嬰幼兒用奶粉。
- 副食品的添加方式與大致份量，是根據日本厚生勞動省於2007年3月公布的「哺乳、離乳補助指南」的內容。

序

享受冷凍副食品的樂趣吧！

想做好吃的料理給寶寶！
看到寶寶努力吃的樣子讓人好開心！
但是，媽媽也會有「今天有點累該怎麼辦呢……」的時候。

寶寶的食量只有一點點，每天都要從頭做真得很辛苦，
所以，許多媽媽選擇的，就是將副食品「冷凍」這個技巧。

利用隨手可得的食材，一次準備好一星期的份量，
寶寶想吃的時候完全不費工夫，新手媽媽也能輕鬆地完成，
這本書就是這樣理想的副食品食譜。

照本書的建議就能讓新手媽媽每天輕輕鬆鬆完成副食品。
寶寶喜歡的料理就多做一些，
或是依媽媽方便調理的方式來搭配一星期的菜色，
結合喜好來調整也是很好的做法。

盡量減輕媽媽的負擔，增加寶寶的笑容，
讓用餐時間能夠全家開心，幸福滿滿！

充分的預備知識

學習副食品添加方法與冷凍的基本知識

本章簡單易懂地說明配合寶寶月齡的副食品補充方法、營養資訊以及輕鬆準備食材的方法等秘訣，讓新手媽媽也能馬上理解。

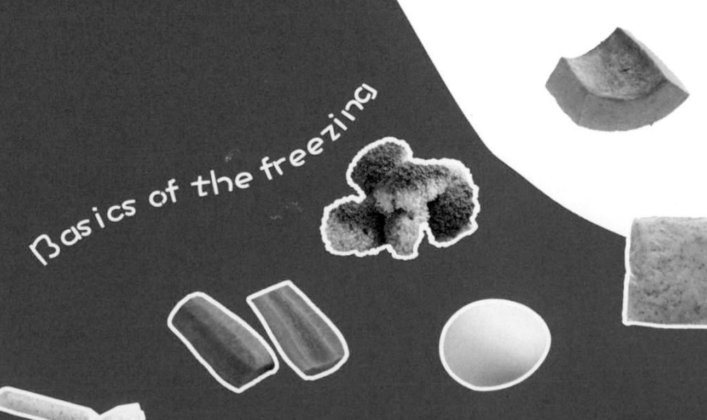

何時該開始呢？

如何進行副食品的添加？

「從5～6個月左右開始，到1歲～1歲6個月左右完成為止，共有4個階段。」

配合寶寶的適應度，以大約1年的時間，開始從喝到吃的練習

母乳或配方奶對剛出生的寶寶來說，是最好的營養來源。但從5～6個月左右開始，光是喝母奶或配方奶，就會缺乏重要的鐵質或蛋白質等營養素，因此必須從食物中攝取營養。一直只喝液體的寶寶，必須慢慢習慣從「喝的食物」轉變成「吃的食物」，這段練習期就是所謂的「副食品」階段。

副食品分為吞食期（前期5～6個月）、擠食期（中期7～8個月）、咬食期（後期9～11個月）、以及咀嚼期（離乳期12～18個月）來進行。所謂「進行」指的是配合寶寶的咀嚼能力與消化能力，來改變食材的硬度或大小。不過，寶寶的進食狀況不一定會按照月齡發展，而是有上有下，有時才覺得突飛猛進，卻又馬上停滯不前，甚至常常會退回前階段。生長發育進度只能提供大致的參考，還是要配合個別寶寶的狀況慢慢進行。

寶寶出現以下情形即可開始添加副食品

☑ **5～6個月左右**
太早開始添加副食品會造成身體負擔，太晚則會營養不足。早一點的話5個月，有過敏疑慮的寶寶到了6個月左右再開始。

☑ **脖子轉硬，有支撐時可以坐著**
可以起身坐好時，就表示寶寶的身體會開始調整準備接受一般食物。

☑ **看到他人吃東西，嘴巴會跟著模仿咀嚼動作**
大大張開嘴巴，或是模仿咀嚼動作表現出很想吃的樣子，就表示寶寶的嘴部周圍的肌肉逐漸發達，做好咀嚼的準備。

☑ **用手指輕戳刺激寶寶的嘴，寶寶也不會把手指推回**
尋乳反射動作（反射性地去吸吮碰到嘴或嘴唇的東西）愈來愈少，就表示可已開始補充副食品了。

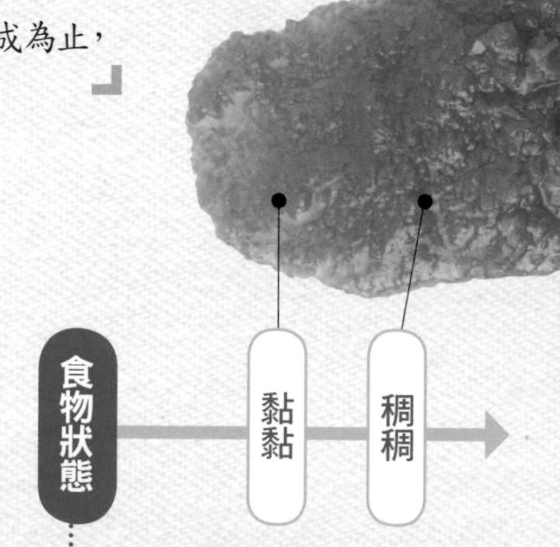

5~6個月左右
前期. 吞食期

寶寶的發展狀況
☑ 有支撐的狀態下可以坐著
☑ 舌頭只能前後動
☑ 幾乎還沒長牙齒

副食品的餵食次數
每天1次（開始一個月後增為每天兩次）

與母乳／配方奶的搭配比例

	母乳／配方奶	副食品
前半	90%	10%
後半	80%	20%

從綿滑黏稠狀開始！只需閉合嘴部吞嚥

對目前為止，只喝過母乳或配方奶的寶寶而言，閉嘴吞嚥比液體稍微黏稠的副食品還算頗為困難。媽媽可以把食材過濾或磨泥，調理成綿滑狀態。寶寶習慣後，再慢慢減少水分，調理成類似番茄醬般的黏稠狀。

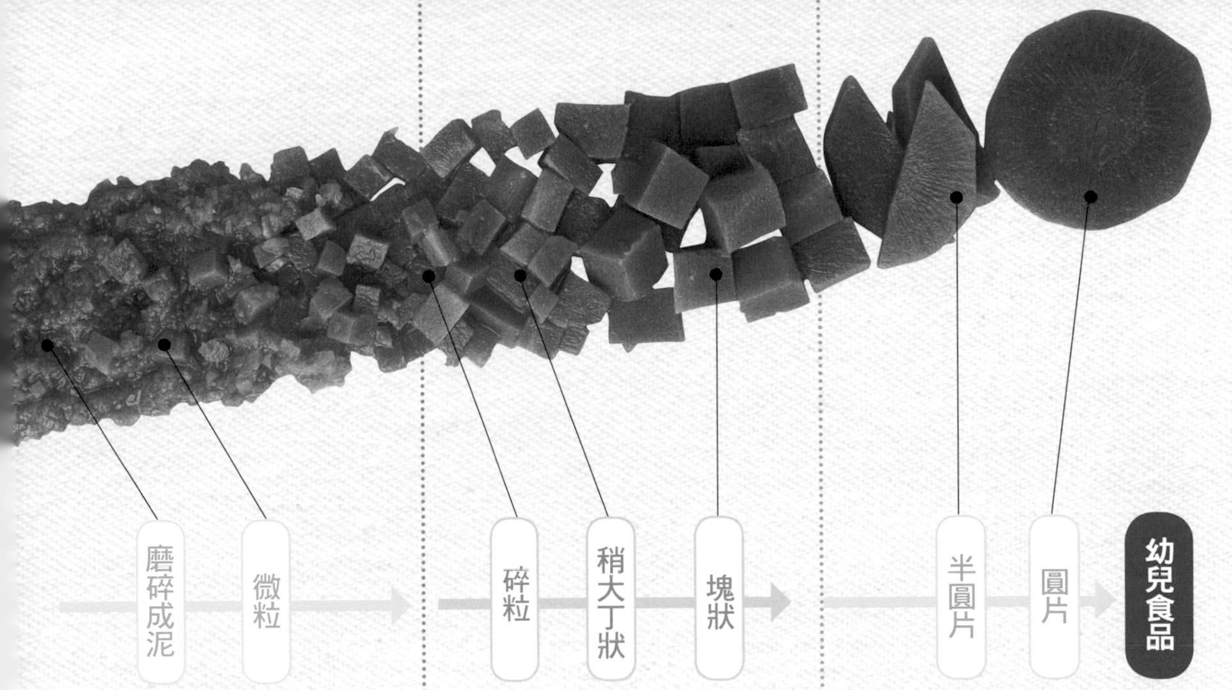

磨碎成泥　微粒　→　碎粒　稍大丁狀　塊狀　→　半圓片　圓片　→　幼兒食品

\ 7~8個月左右 /
中期．擠食期

- 坐得愈來愈穩
- 舌頭不只前後，也可以上下動
- 有些開始長出下面兩顆門牙

每天2次

母乳／配方奶	副食品	
70%	30%	前半
30%	40%	後半

理想狀態為「軟綿綿的嫩豆腐狀」蔬菜磨碎成微粒狀

寶寶已經能夠上下活動舌頭，用上顎把食物壓碎來咀嚼。嫩豆腐的硬度是最剛好的；蔬菜可煮到輕輕用手即可壓碎的軟度，再磨到稍微剩下一些微粒狀；肉質比較乾澀的魚或肉類要用太白粉等讓它有些黏稠較好吞嚥。

\ 9~11個月左右 /
後期．咬食期

- 會爬、抓著東西可以站立
- 會想用手抓東西
- 舌頭除前後上下之外還可以左右動
- 有些開始長出上面門牙

每天3次

母乳／配方奶	副食品	
35～40%	60～65%	前半
30%	70%	後半

寶寶可以將硬度與香蕉相近的食物用牙床壓碎食用

可以將無法用舌頭壓碎的食物，用牙床咬食。雖然壓碎食物的力量還很弱，但咀嚼方式已成長到幾乎跟成人一樣。因此食材硬度大約要跟可以用手指壓扁的全熟香蕉、木棉豆腐、煮軟切成碎粒或粒狀的紅蘿蔔一樣。

\ 1~1歲半左右 /
離乳．咀嚼期

- 可以走路
- 會想使用湯匙或叉子
- 舌頭可以自由自在活動，嘴部周圍肌肉較發達
- 1歲左右長齊上下門牙

每天3次+點心1次

母乳／配方奶	副食品	
25%	75%	前半
20%	80%	後半

咬力變強，可以將煮熟切成圓片的紅蘿蔔咬斷！

已經可以用門牙咬斷煮熟切成圓片的紅蘿蔔。甜煮蘿蔔或肉丸子的硬度最適合讓寶寶練習用牙床來咀嚼。從副食品畢業後就進入幼兒食品階段，到3歲左右臼齒完全長出前寶寶咬力仍不足，因此調理時還是必須清淡調味及方便食用。

不知道該給寶寶吃什麼？

怎麼讓營養均衡？

本書將營養分類
以顏色作區分

- 熱量來源食品
- 維生素、礦物質來源食品
- 蛋白質來源食品

「將食材分為三類，再組合搭配就 OK 了！」

身體及腦的動力泉源！
熱量來源食品

米、麵包、麵類、藷類等，都含有豐富的醣分（澱粉）。醣分是讓肌肉、內臟以及大腦運作，還有維持體溫的熱量來源。對寶寶來說也較好吸收，所以副食品可從醣分（米）開始。

副食品推薦食材

吞食期（5～6個月）

主食從對腸胃負擔較少的粥開始。習慣10倍粥之後，也可以添加馬鈴薯、地瓜、香蕉。

米

馬鈴薯

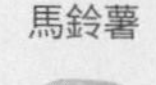

香蕉

擠食期（7～8個月）

7倍粥→5倍粥。6個月開始可以吃麵包、烏龍麵、麵線。

麵包

玉米脆片

咬食期（9～11個月）

5倍粥→軟飯。條狀義大利麵、通心粉、美式鬆餅或蒸糕等。

義大利麵

咀嚼期（12～18個月）

軟飯→稍軟的飯。其他與咬食期相同。

除蕎麥及麻糬之外皆可

以一天三餐，或是兩到三天的菜色來取得均衡營養

過了吞食期的第一個月，副食品增為每天兩餐之後，就必須稍微考量到營養的均衡。但不需想得太難，只要從三個營養分類中，各取一項食材組合搭配即可。例如蔬菜魚肉粥就算只是一道菜，但營養已經足夠。只要一天的三餐，或是兩到三天的菜色整體能取得均衡營養即可，不需要求每一餐都要達到標準！

從咬食期開始副食品的營養成分愈加重要

由於從咬食期開始副食品增為三餐，食用量也隨著增加，營養均衡就更為重要。為避免缺鐵，要加入紅肉魚或是紅肉、小松菜、羊栖菜等。蛋白質對寶寶成長不可或缺，但對身體的負擔也較大，所以必須注意不可過早添加以及要遵守添加量。

強化皮膚及黏膜！
維生素、礦物質來源食品

蔬菜或水果、海藻類、菇類等，都含有豐富的維生素及礦物質，能夠保護皮膚及黏膜，調整身體狀況。蔬菜無論是過敏的疑慮或對身體的負擔都較少，只要調理得方便食用，多添加蔬菜類是沒有問題的。

副食品推薦食材

吞食期（5～6個月）

可以調理成黏稠狀的話右側所示的蔬菜都可以選用。顏色較濃的綠黃色蔬菜營養價值高，請多讓寶寶攝取。

擠食期（7～8個月）

寶寶不擅處理纖維質多的蔬菜，因此必須切成碎粒狀。還可以添加羊栖菜及海苔。

咬食期（9～11個月）

可以嘗試富含纖維質的菇類或較硬的蓮藕等根莖類蔬菜，還有海帶芽等。

咀嚼期（12～18個月）

與咬食期相同。

從吞食期開始
幾乎所有蔬菜皆可食用

製造肌肉與臟器！
蛋白質來源食品

製造身體的蛋白質對每天都在成長的寶寶而言是不可或缺的營養素。豆腐、豆類等「植物性蛋白質」與魚、肉類、蛋、奶製品等「動物性蛋白質」要均衡攝取才理想。讓寶寶從脂肪少的食材開始習慣。

副食品推薦食材

吞食期（5～6個月）

容易消化的豆腐很適合拿來當作第一次攝取的蛋白質來源。魚類的話要挑選鯛魚等白肉魚或去鹽味的魩仔魚。

豆腐　魩仔魚

擠食期（7～8個月）

嫩雞胸肉條、雞胸肉、雞腿肉、雞絞肉、紅肉魚、蛋黃、黃豆、牛奶皆可。

咬食期（9～11個月）

牛紅肉、豬紅肉、牛豬混合絞肉，以及竹筴魚或等沙丁魚等青背魚皆可。

咀嚼期（12～18個月）

青鮒魚、鯖魚要從少量開始嘗試。烏賊、章魚調理得夠軟就解決了。

除生魚片及海鮮加工食品之外皆可

一次要給寶寶吃多少呢？

寶寶1餐 參考份量

選擇一種食材時

		熱量來源食品	
		飯	吐司（照片為8片切）
前半 ▼ 後半	吞食期 5～6個月左右 1餐 ▼ 2餐	將顆粒磨過的粥從1匙開始 40g 磨過的粥 適量	6個月以後較好 5g 吐司粥 從1匙開始 適量
前半 ▼ 後半	擠食期 7～8個月左右 2餐	50g 5倍粥（或7倍粥） 80g 5倍粥（或7倍粥）	15g 20g
前半 ▼ 中期 ▼ 後半	咬食期 9～11個月左右 3餐	90g 5倍粥 70g 4倍粥 80g 軟飯	25g 25g 35g
前半 ▼ 後半	咀嚼期 1～1歲半左右 3餐＋點心1~2次	90g 軟飯 80g 飯	40g 50g

下表為每樣食品寶寶一次能吃的量。每個寶寶的食量跟副食品接受度大有差異，請將此表作為冷凍食材時的參考，讓寶寶吃得開心即可！

水煮烏龍麵	馬鈴薯	香蕉
6個月以後較好 從1匙開始 適量 （15g左右）	從1匙開始 適量 （20g左右）	從1匙開始 適量 （20g左右）
35g	45g	40g
55g （不可更換為義大利麵）	75g	65g
60g	85g	75g
70g	95g	85g
90g （可更換為義大利麵）	125g	110g
105g	140g	125g
130g （可更換為義大利麵）	175g	155g

蔬菜＋水果

		維生素、礦物質來源食品			
		水果 蘋果	蔬菜 南瓜	納豆	肉 嫩雞胸肉
前半 ▼ 後半	吞食期 5～6個月左右 1餐 ▼ 2餐	5g 從1匙開始 適量	10g 從1匙開始 適量	不可添加	不可添加
前半 ▼ 後半	擠食期 7～8個月左右 2餐	5g 10g	15g 20g	12g 16g	10g 15g
前半 ▼ 中期 ▼ 後半	咬食期 9～11個月 左右 3餐	10g 10g	20g 30g	18g	15g
前半 ▼ 後半	咀嚼期 1～1歲半左右 3餐 ＋ 點心 1~2次	10g 10g	30g 40g	20g 20g	15g 20g

選擇一種
食材時

蛋白質來源食品

乳製品 原味優格	蛋	魚	豆腐
除配方奶外 不可添加	不可添加	10g 從1匙開始 適量	25g 從1匙開始 適量
50g （可更換為配方奶55ml）	（蛋黃從1匙開始） 1個 蛋黃	10g	30g
70g （可更換為配方奶75ml）	1/3個 全蛋	15g	40g
80g （可更換為配方奶90ml）	1/2個 全蛋	15g	45g
100g （可更換為配方奶110ml）	1/2個 全蛋	15g	50g
	2/3個 全蛋	20g	55g

與冷凍大人的食材有何不同？

從今天開始試！

寶寶對細菌的抵抗力較弱，跟大人的食材相比，

PULE 1

趁鮮冷凍！

防止食材鮮度因未及時冷凍降低

食材鮮度愈低就愈不美味，冷凍不美味的食材就無法做出美味的副食品。選擇新鮮食材，儘量在購買當天，食材較美味、營養價值較高的狀態下冷凍。

食材的選擇
也很重要
Good

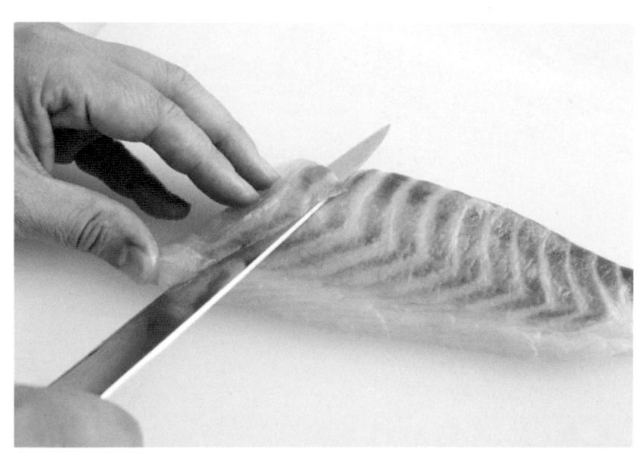

PULE 2

徹底冷凍！

食材美味因結霜而流失

加熱過的食材一定要冷卻後再分裝冷凍。不過，米飯則是一煮好就密封起來，在美味尚未流失的狀態下冷卻後再冷凍。食材沒有先冷卻的話，水氣會在冷凍時結霜，不但有損美味，還會讓冷凍庫溫度上升，破壞其他食材的鮮度。

飯要連水氣
一起密封
Good

冰磚冷凍 7 原則

冷凍寶寶的副食品食材必須更加注意。請遵守原則，製作安全美味的副食品吧！

PULE 3 徹底密封！

保持真空防止食材因冷凍受損

Good

用吸管將
空氣吸出

冷凍的大敵就是空氣。密封袋裡有空氣，食材的水分就會流失而變得乾澀，或者氧化導致美味流失。用壓平方式壓出密封袋內的空氣，或者用吸管來將空氣吸出來形成密封狀態。

PULE 4 每次冷凍一餐份！

可縮短每天料理時間

處理好的食材建議分裝成每餐食用的份量。如此一來，不但可以縮短冷凍或解凍的時間，使用時也不必再測量份量，非常輕鬆。裝在較大袋子冷凍時，可以用筷子以等分壓出摺痕，這樣就可以折斷，方便取出。

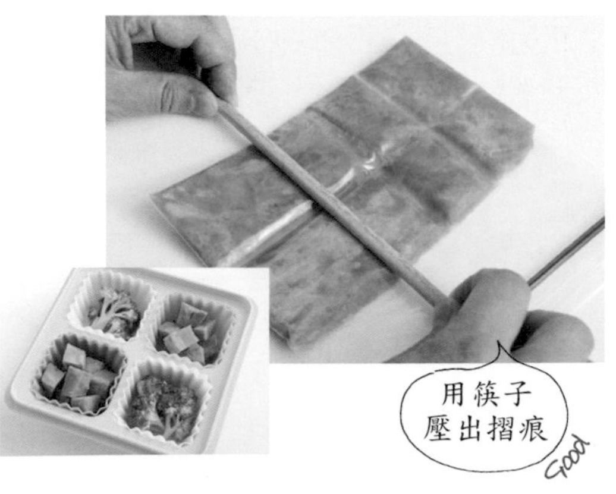
用筷子
壓出摺痕
Good

PULE 5 必須一週內用完！

冷凍的副食品食材不宜久放

經過冷凍的食材雖然可以保存比冷藏久，但品質還是會慢慢劣化。寶寶對味道敏感且抵抗力又弱，冷凍時還是要維持在一週內可食用完的份量。寫上食材名稱跟日期就可以避免忘記使用。

Good
寫上食材
名稱跟日期
品目
日付
メモ

PULE 5

食用前再加熱！

直接解凍加熱才好吃

就算經過調理再冷凍，也無法保證冷凍過程中不會滋生細菌。因此要食用時必須再加熱過才能安心。自然解凍容易讓食材變得水水的，食材在冷凍的狀態下就直接加熱解凍才能確保美味。

用微波爐或
電鍋解凍加熱
Good

PULE 6

安全第一！

維持調理器具清潔最重要

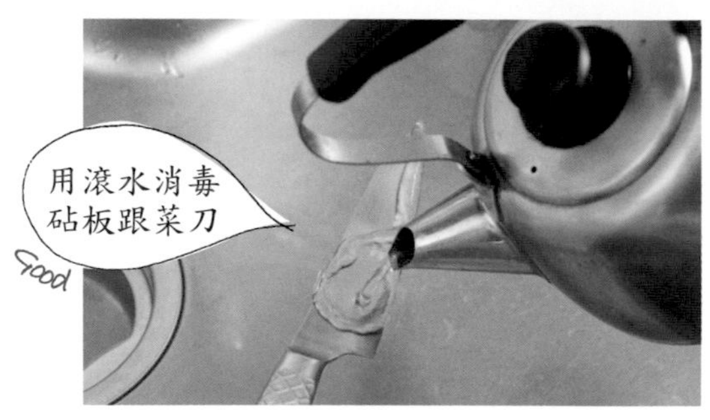
用滾水消毒
砧板跟菜刀
Good

冷凍並不能殺死細菌，因此處理食材時，要先徹底洗手跟清洗調理器具，注意清潔。特別是直接接觸食材的砧板跟菜刀，細菌容易繁殖，所以要常常用滾水消毒。

考量食用方便 以馬上可調理的形狀冷凍

以棒狀冷凍➡磨碎即可

要調理成適合吞食期的綿滑黏稠狀，有些食材以棒狀冷凍至可用手拿取的大小，再磨碎會比較輕鬆。以下食材適合冷凍成棒狀。例如：吞食期的紅蘿蔔、菠菜、魩仔魚。

過濾後冷凍➡加熱即可

剛開始添加副食品時，不論是10倍粥或是蔬菜都要過濾成綿滑的泥狀之後再冷凍。白肉魚不好過濾，所以壓碎即可。例如：吞食期的10倍粥、南瓜、綠花椰菜等。

切碎冷凍➡加熱即可

擠食期之後，粥可以直接冷凍，蔬菜、麵類、肉類等就必須切成各期所需大小來冷凍。一次先切好，給寶寶吃的時候就比較方便。例如：擠食期之後的蔬菜、麵類、薄肉片等。

百元商店也買得到

冷凍器具圖鑑

多準備幾種可將食材分裝成少量冷凍的器具會更方便。配合食材的形狀與量，尋找方便好用的器具吧！

水分較多的食材可冷凍成塊狀

製冰盒

製冰盒最適合用於分裝高湯等液體或吞食期的黏稠食材。知道 1 塊冰的容量在處理時會較方便，例如，大約等於 1 大匙之類。

用途

- 高湯
- 蔬菜泥
- 10倍粥

冷凍完成後從製冰盒中取出，放進密封袋內再度冷凍。

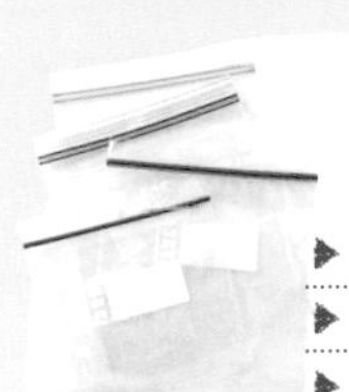

- 擠壓過的南瓜、藷類
- 容易弄碎的蔬菜、魚或肉
- 用保鮮膜包起來的食材

壓成扁平狀去除空氣成密封狀態

冷凍用密封袋

食材過厚會無法折斷取出一餐份，所以冷凍時要壓成扁平狀。並注意不要將固體食材重疊在一起。

- 粥、麵、麵包
- 有形狀的蔬菜、魚或肉
- 其他任何食材！

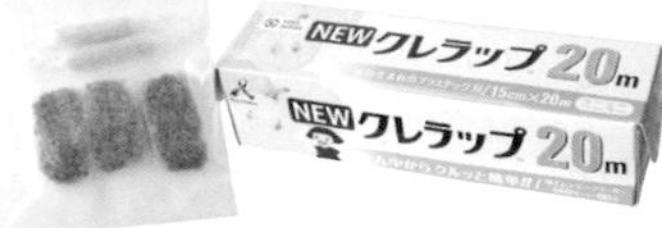

保鮮膜還是會有看不見的洞可以通氣，所以還要在外面加包密封袋。

可緊密包裝的萬能分裝選手

保鮮膜

除液體狀外，任何食材都可分裝，是製作所有副食品都可以使用的得力助手。副食品量普遍較少，所以尺寸較小的保鮮膜會比較好包。

市面上有專用的附蓋容器，也可以放進既有的保存容器。

用途

- 不須壓碎再冷凍的蔬菜、鮪魚等帶汁食材
- 少量的粥

微波適用，可重複使用又環保

矽膠分裝小杯

耐冷耐熱性佳的矽膠分裝小杯很適合用在微波爐料理。清洗後可重複使用經濟實惠。可選擇自己方便使用的尺寸。

可連容器一起以微波爐加熱一餐份

微波分裝盒

用於粥或烏龍麵等主食，或是連湯一起冷凍的蔬菜等都很方便。使用前要先確認可否冷凍或微波。

主食的話適用於容量120ml（粥）至300ml（麵類）。

- 一餐份的粥、麵類
- 湯煮蔬菜、燉煮料理
- 其他一份量用食材

用微波爐加熱？還是用鍋子煮？

正確答案！準備食材

加熱時，每種調理器具各有其長處。充分了解即可縮短

Technique 1 適合徹底加熱藷類、魚或肉 微波爐

微波爐的原理是利用被稱為微波的電磁波來將食品從內部加熱。其特徵是不需用鍋子煮水，所費時間短，又不會讓食材的營養素流失，所以用來準備副食品的少量食材可說非常方便，適合拿來加熱像是水煮較花時間的藷類或南瓜，或容易乾澀的魚或肉等。另外，微波可以穿過玻璃製或陶瓷器具來加熱食材，但金屬製的器具會反射微波所以無法使用。塑膠製器具則必須選擇有標示「可微波」的字樣。

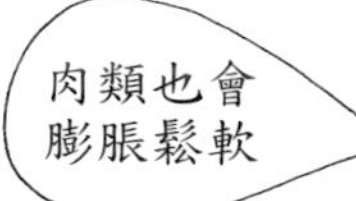
肉類也會
膨脹鬆軟

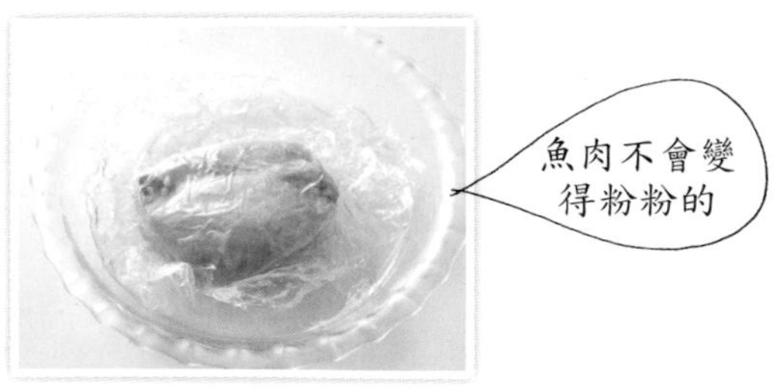
魚肉不會變
得粉粉的

魚類 肉類 灑上太白粉再加水加熱就不會乾乾粉粉的

魚或肉類加熱會變得又硬又乾澀，有的寶寶還會因此不吃把它吐出來。要解決這種情形，秘訣就是將「太白粉＋水」加在食材上！魚或肉會因為太白粉而膨脹，因水分而變軟。這個秘訣可以用在生魚片、熟魚片、絞肉、薄切肉、雞肉等所有魚或肉類。（請參照P.32 ～ 35）

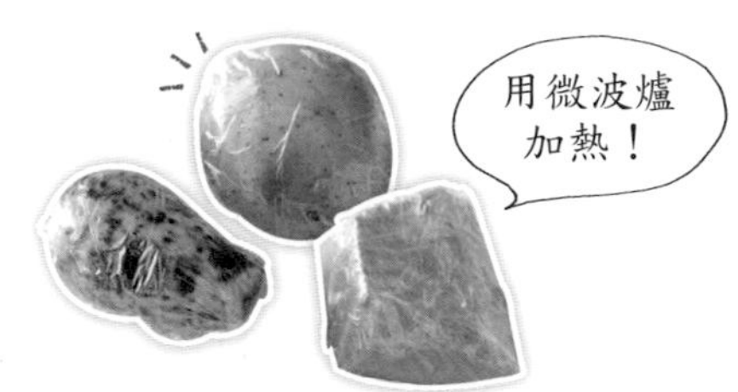
用微波爐
加熱！

南瓜 藷類 用保鮮膜分包成100g再加熱兩分鐘就可以又熟又軟

用微波爐來加熱南瓜、一整顆馬鈴薯、或是小芋頭（里芋）相當輕鬆！只要在洗淨後還有一點水氣的狀態下，連皮整個用保鮮膜包起來，以「每100g加熱兩分鐘（600W）」來加熱即可。加熱時間與重量成正比，例如，150g的話就是3分鐘，200g的話就4分鐘，以此類推。一次加熱例如20g或30g等少量食材，不如加熱100g（至少也要50g）比較不會失敗。經過加熱後，就可以很輕鬆地把皮剝下。

微波爐W數與加熱時間對照表

600W	500W
30秒	40秒
50秒	1分
1分	1分10秒
1分30秒	1分50秒
2分	2分20秒
2分30秒	3分

微波爐加熱時間會隨W數而不同。本書的食材準備或是食譜均是以600W為基本。如果您的微波爐是500W的話，把加熱時間加長1.2倍即可。用高W數加熱容易加熱不均，建議還是以500～600W來加熱較適當。

電鍋與微波爐加熱時間對照表

微波爐(600W)	電鍋
40秒～ 1分鐘	外鍋加0.5杯水
1分30秒～ 2分鐘	外鍋加1杯水
2分30秒～ 3分鐘	外鍋加2杯水

家中沒有微波爐的媽媽，可以利用電鍋加熱冷凍副食品，可以參閱上表對照電鍋加熱時間。

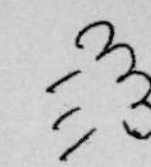

最快、最方便的4種方法

冷凍前的準備時間，讓副食品又方便又美味！

Technique 2 可使根莖類蔬菜及葉菜變軟 用鍋子水煮

較硬的根莖類蔬菜或纖維較多不好切的葉菜，以及莖部較硬的綠花椰菜，較有咬勁的義大利麵等，需要徹底加熱到可以用手指壓碎的程度，用水煮會比較容易軟。特別是吞食期與擠食期的寶寶，還無法用牙床來咀嚼食物，所以準備食材時必須注重軟度才行。

根莖類蔬菜

切成圓片從常溫水開始煮

把紅蘿蔔或白蘿蔔切成1cm左右的圓片，倒入可淹蓋住食材的水烹煮。根莖類蔬菜用滾水煮時只有表面煮透，中間還是硬的，所以基本上要從常溫水開始煮較易軟。

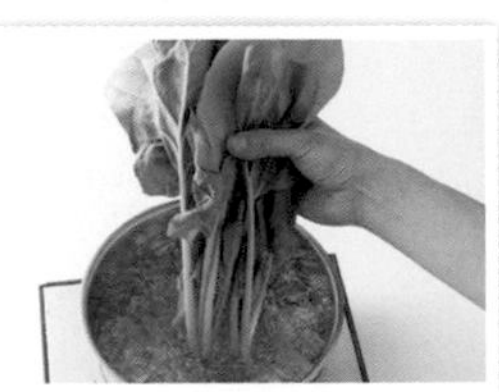

葉菜

根部以滾水煮

菠菜或小松菜等青菜，要從較難熟透的根部放進滾水裡煮，比起大人要吃的煮得更久一點，然後再過一下冷水，讓蔬菜變軟、去除苦味以方便食用。

麵類

用大量滾水煮

烏龍麵、麵線、義大利麵等麵類要煮得比包裝標示所需時間久，比大人吃的軟些。大人吃的義大利麵煮時會加鹽，副食品則以不加鹽的滾水煮。

Technique 3 適合粥或需要慢慢加熱的根莖類蔬菜 電鍋蒸煮

用鍋子煮粥較美味，不過電鍋的優點是只要按一個按鍵，就可以煮得成功又美味！很值得推薦給忙碌的媽媽。另外，也很適合用於慢慢加熱就會愈加甘甜的根莖類蔬菜。

粥

可設定電鍋的粥模式來煮

只要按下「粥」的按鍵，電鍋就會自動調整。選擇「飯」模式，水分就會被蒸發掉，要特別注意！

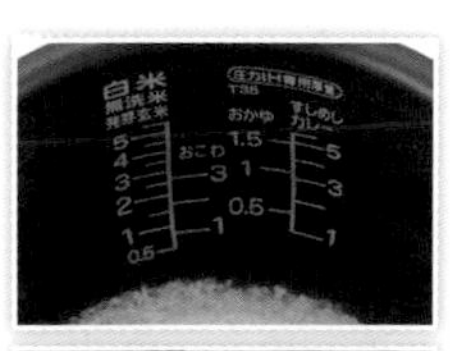

Technique 4 冷凍後加熱即可的食材 生鮮／原狀態

冷凍後也馬上可以解凍或加熱的番茄、水果、吐司等或不需處理的罐頭食品，只要原狀冷凍即可。給寶寶吃時要徹底加熱至內部熟透。

麵包　番茄

切成方便的大小放密封袋冷凍

番茄冷凍後只要沖過水就可以輕易剝皮，所以連皮一起切再冷凍即可。

罐頭

分裝成一次的量放密封袋冷凍

鮪魚或玉米醬等都是已經處理好的食品，所以只需分裝即可。

方便冷凍適合用於副食品的食材大集合！

各種食材處理方法

本篇整理了常用於副食品且方便冷凍的食材處理方法。請參考這些食材形狀且配合各時期，選擇最簡單最美味的處理技巧！

主食

身體與腦的動力泉源！

熱量來源食品

寶寶習慣了最容易消化吸收的粥之後，可以利用麵類、吐司及藷類等來增加多樣性。冷凍時請分裝成一餐份。

「粥」一次煮數天份，美味又有效率！

如果一次只煮少量的粥，水分容易蒸發不好煮，所以建議一次煮數天至一週的份。飯的美味處理方式是，在剛煮好還熱熱時分裝密封，等冷卻後再冷凍。如此一來在解凍加熱後一樣可嚐到飯剛煮好的美味。冷飯包裝好冷凍再微波加熱，也無法變回好吃的飯。

吞食期
10倍粥

差不多這樣的形狀

有細微顆粒的話會難以吞嚥，要過濾成口感滑順的濃湯狀。

以此狀態放入冷凍庫

以米1：水10的比例煮後再過濾或磨泥後倒入製冰盒。

有黏性的粥冰塊用刀子插入即可方便取出。

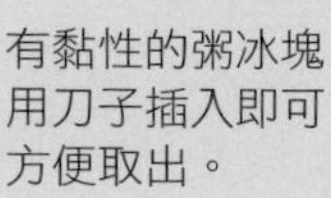

擠食期
7倍粥

用手指可輕易壓扁飯粒。水分較多，飯粒呈鬆散狀態。

or

以米1：水7的比例煮後再分成一餐份用保鮮膜包好或裝入分裝容器。

咬食期
5倍粥

還殘留有米飯碎粒，但屬於又黏稠又軟的狀態。

or

以米1：水5的比例煮後再分成一餐份用保鮮膜包好或裝入分裝容器。

咀嚼期
軟飯

飯軟一點的狀態。要配合寶寶的咬力來調整水分。

以米1：水3～2的比例煮後分成一餐份再裝入分裝容器，或用保鮮膜包好即可。

烏龍麵

袋裝熟烏龍麵方便好處理！吞食期時切成棒狀冷凍即可

煮得軟軟的袋裝「熟烏龍麵」相當方便。吞食期時切成棒狀冷凍，要吃的時候再磨碎加熱即可。之後各期就切成寶寶方便食用的形狀，用滾水煮加熱。

切了之後再煮比較輕鬆！

吞食期後半

切成較好拿的3cm寬棒狀，用保鮮膜包好後冷凍。

在冷凍狀態下磨較輕鬆

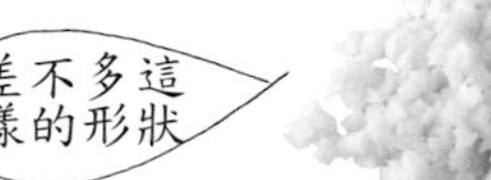

擠食期

差不多這樣的形狀

以此狀態放入冷凍庫

切成2mm大的微粒，再分成一餐份用保鮮膜包好。

咬食期

切成1～2cm長，再分成一餐份裝入分裝容器。

咀嚼期

切成2～3cm長，再分成一餐份裝入分裝容器。

吐司

冷凍、解凍都快速，是很適合製作副食品的食材

咬食期之前要切成寬1cm的棒狀再冷凍。吐司食用時可隨意取量，不管是磨碎、用手剝或煎成吐司條，方便給寶寶用手抓握。

吞食期後半

冷凍狀態直接磨碎較輕鬆。

擠食期
咬食期

咬食期切成棒狀冷凍。吐司邊要調理得方便食用。

咀嚼期

整片冷凍，可捲成圓形三明治也可以切成各種圖樣。

義大利麵

用滾水徹底煮軟，切成寶寶方便食用的形狀

煮的時候不可以加鹽到滾水裡，而且煮食時間比大人要吃更久。快煮型義大利麵可能較方便，不過細條狀麵跟通心粉其實也都是好選擇。因為義大利麵較有咬勁，等到咬食期再給寶寶吃比較理想。

吞食期
擠食期

不給寶寶吃！

要煮比標示所需時間久，煮到很軟的狀態。

馬鈴薯、地瓜

用微波爐或電鍋即可簡單加熱

馬鈴薯一顆（150g）用微波爐（600W）加熱約3分鐘，加熱後就會更容易剝皮了。地瓜可用錫箔紙包起來放進電鍋跟飯一起煮，可以增加甜味。

*冷凍時形狀請參照南瓜（P.28）

用保鮮膜包起來放微波爐加熱。

用電鍋蒸時水量跟平常一樣。

麵線

用手折成小段再煮比較輕鬆

麵線其實含有不少鹽分，所以要到擠食期，煮到徹底變軟的狀態再給寶寶吃。將乾的麵線用手折成一段段再煮，這樣不但可以折成均等長度，起鍋後也不需再用砧板跟刀子切，比較方便。

吞食期

不給寶寶吃！

副菜

強壯皮膚與黏膜！

維生素、礦物質來源食品

幾乎所有蔬菜、水果都可以從吞食期開始給寶寶食用，只要處理得宜即可。將食材冷凍保存，就可以簡單做出色香味俱全的料理！

「南瓜」一次加熱100g以上，簡單又有效率！

南瓜要用微波爐加熱少量比較困難，所以最好一次加熱100g，或至少50g。把籽的部分挖掉，連皮用保鮮膜包起來，每100g加熱2分鐘（600W）。加熱好後再去皮，磨碎果肉或切開分裝。（也可使用電鍋加熱）

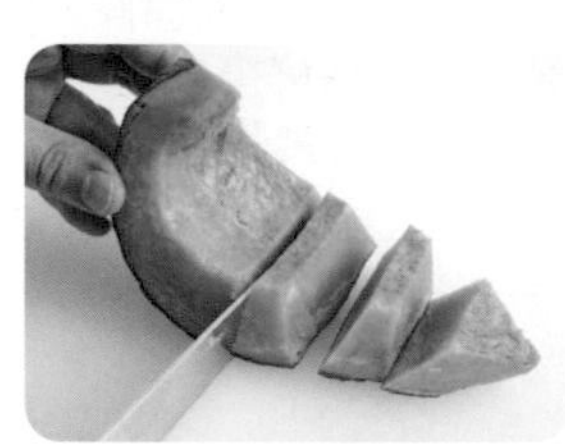

加熱後不拆開保鮮膜直接冷卻會比較好切。

吞食期

差不多這樣的形狀

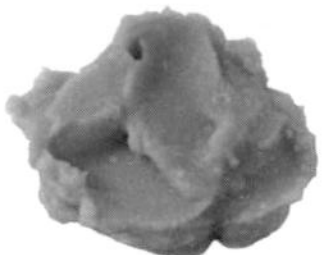

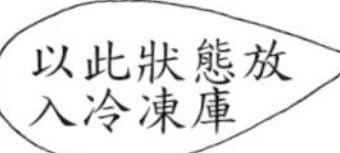

加熱至軟再過篩，用保鮮膜裝起來後，以筷子壓出一格一格的摺痕再放入密封袋。

擠食期

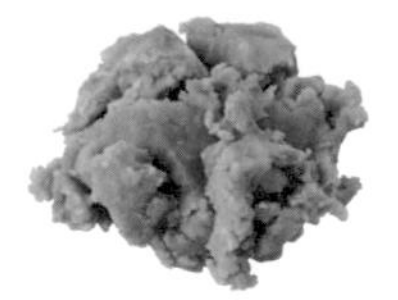

加熱至軟再壓碎，分成一餐份用保鮮膜包好。

咬食期

差不多這樣的形狀

以此狀態放入冷凍庫

加熱至軟切成7mm的塊狀，分成一餐份用保鮮膜包好。

咀嚼期

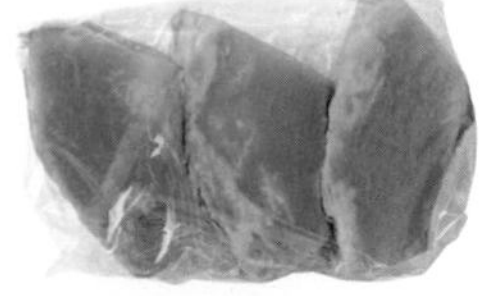

加熱至軟切成可讓寶寶用手拿著吃的大小，再分成一餐份用保鮮膜包好。

紅蘿蔔・蘿蔔

加水煮軟就容易磨碎也很好切

吞食期均等縱切成4條，擠食期之後就切成1cm圓片，加水煮到軟。煮軟後用保鮮膜包起來，就可以輕易地從保鮮膜上直接壓碎！進入咬食期後寶寶咬力增強後，再用微波爐(或電鍋)加熱。

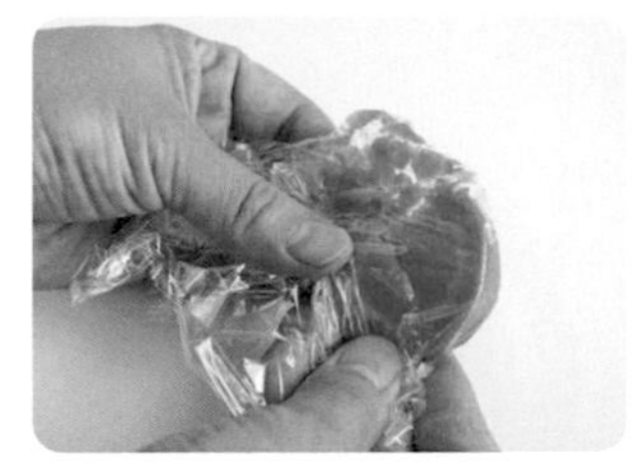
擠食期時可用保鮮膜包起來壓碎。

吞食期
煮軟再冷凍過的紅蘿蔔磨成泥後口感會很滑嫩！
以冷凍狀態直接磨泥比較輕鬆！

擠食期：將煮過的紅蘿蔔圓片細細壓碎或切碎，再分成一餐份用保鮮膜包好。

咬食期：將煮過的紅蘿蔔圓片切成5mm塊狀，再分成一餐份用保鮮膜包好。

咀嚼期：將煮過的紅蘿蔔圓片切成1／4圓片，再分成一餐份裝入分裝容器。

菠菜・小松菜

用滾水煮軟，縱切再橫切把纖維切斷

吞食期跟擠食期只吃柔軟的葉片部份，咬食期之後就可以開始吃莖部了。用滾水煮過，再用冷水把苦味洗掉，然後用菜刀先縱切再橫切把纖維切斷，不要在菜中留下過大的塊狀物。

寶寶要咀嚼纖維比較困難，所以切的時候要縱切再橫切把纖維切斷。

吞食期

煮過後用保鮮膜包成棒狀冷凍，只磨碎葉片部分。

冷凍狀態直接磨泥比較輕鬆！

擠食期

差不多這樣的形狀

以此狀態放入冷凍庫

將煮過的葉片部分切成碎粒，再分成一餐份用保鮮膜包好。

咬食期

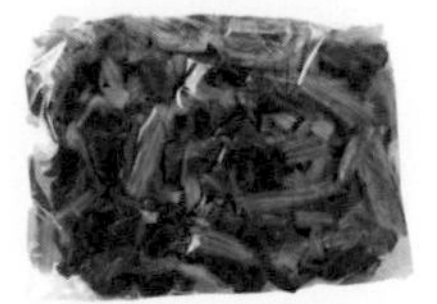

將煮過的葉片與莖部切成稍大的碎粒，再分成一餐份用保鮮膜包好。

咀嚼期

將煮過的葉片與莖部切成1cm大小，再分成一餐份裝在分裝小杯裡。

高麗菜 蓋上鍋蓋用鍋子蒸煮可讓葉片柔軟

切除較硬的芯部以及葉脈，留下葉片部分用滾水煮。吞食期時磨成泥，到了擠食期切小即可。秘訣是蓋上鍋蓋蒸煮。

擠食期之後的形狀請參照菠菜。

香蕉 剝皮後壓扁再冷凍，取出時折斷即可

用手從密封袋外面把香蕉壓成扁平狀，這樣可以快速冷凍或解凍。使用時折斷取出所需量即可。

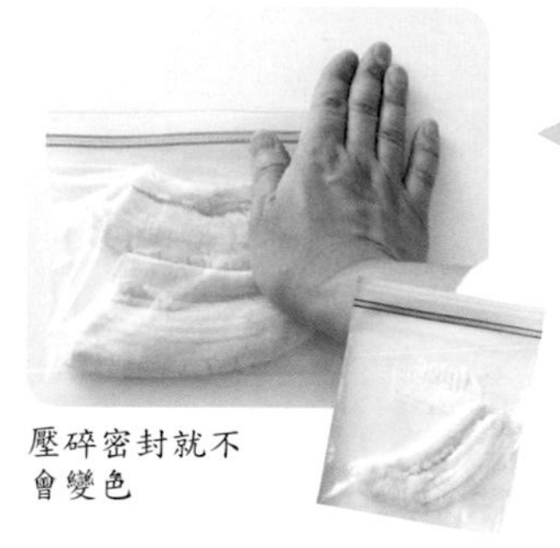

壓碎密封就不會變色

冷凍後也可輕易折斷

番茄 將籽去除切成8等分，冷凍後再剝皮

橫切成兩半後將籽去除，切成8等分冷凍。冷凍後只要泡一下水就可以輕易把皮剝下，食用時再加熱調理即可。

冷凍過剝皮更簡單

用吸管把密封袋中的空氣吸出，密封袋就會緊貼番茄塊呈真空狀。

蘋果・奇異果 蘋果要先加熱，奇異果直接冷凍

蘋果削皮後切成5mm厚的1/4圓片，撒上少許砂糖（可不用），每100g用微波爐（600W）加熱3分鐘。（或用電鍋蒸）

奇異果直接切成半月形冷凍。水果解凍時也需要加熱。

綠花椰菜 將花蕾部份煮軟，切成符合寶寶時期的大小

花蕾尖端部分吞食期要過篩，擠食期磨碎，咬食期之後只需切成小塊。

吞食期
擠食期

咬食期
咀嚼期

擠食期將綠花椰菜花蕾的尖端用菜刀切下。

葡萄 不剝皮直接冷凍，剝皮時沖水即可

生鮮時皮不好剝，但冷凍後只要過水，皮就可以輕鬆剝除。解凍後去籽，處理成適合寶寶時期的形狀。

冷凍後剝皮更簡單

食用時要加熱解凍。

主菜

形成肌肉與臟器！

蛋白質來源食品

魚跟肉口感容易乾澀，料理時可利用太白粉跟水這兩樣法寶改善。而納豆、黃豆及蛋烹煮時只要學會處理技巧，就沒有問題了。

表面撒上太白粉，再加水。

「魚（薄生魚片）」

太白粉和水讓肉質鬆軟
美味不流失

生魚肉3片（30g）撒上太白粉1／4小匙，加上水 1 大匙（水可用高湯代替），用保鮮膜包起放入微波爐（600W）加熱 40 秒至 1 分鐘。這樣比起用水煮可以保持更多美味，太白粉和水也可以讓肉質蓬鬆柔軟！（或放入電鍋外鍋加 0.5 杯水蒸熟）

吞食期

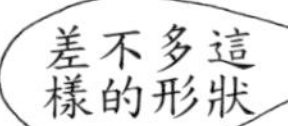
差不多這樣的形狀

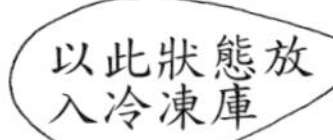
以此狀態放入冷凍庫

加熱後磨碎纖維，分成一餐份用保鮮膜包好。

擠食期

加熱後細細弄碎，分成一餐份用保鮮膜包好。

咬食期

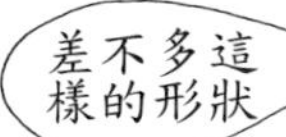
差不多這樣的形狀

加熱後弄碎成5mm大小，分成一餐份用保鮮膜包好。

咀嚼期

加熱後弄碎成1cm大小，分成一餐份用保鮮膜包好。

以此狀態放入冷凍庫

魚（生魚塊）

要將皮跟骨去除，微波爐加熱簡單又輕鬆！

每100g用微波爐（600W）加熱1分30秒～2分，跟生魚片一樣撒上太白粉跟水加熱，然後把皮及骨去除。（註：或放入電鍋外鍋加1 杯水蒸熟）

吞食期

只給一部分的白肉魚。像是鯛魚、比目魚、鰈魚、鱈魚等白肉魚。

冷凍狀態請參照薄生魚片。

魩仔魚

用熱水將鹽分去除，吞食期時可冷凍成棒狀

將魩仔魚放進濾網，沖熱水來將鹽分去除。吞食期可以包成棒狀冷凍後再磨泥，到了擠食期後就切成該時期所需之大小。

包成糖果狀冷凍後再磨泥。

納豆

從包裝盒取出分裝成一餐份冷凍

碎粒納豆(註：將黃豆先研磨成碎粒之後再發酵的納豆)不需再切碎這樣更方便。將一餐份用保鮮膜密封包好可防止變質。

吞食期

不給寶寶吃！擠食期之後可添加切碎的納豆或碎粒納豆。

食用時解凍同時加熱較安心。

黃豆

用微波爐加熱黃豆

每50g黃豆加入1／4杯水，將保鮮膜直接覆蓋在黃豆上，再用微波爐(600W)加熱2分鐘。等不燙手之後再將外層薄皮剝除。(註：或放入電鍋外鍋加 2杯水蒸熟)

吞食期
擠食期

不給寶寶吃！

蓋上保鮮膜時要剛好碰觸到水面。

加熱後可簡單剝皮

蛋

水煮蛋或蛋絲可冷凍，但生蛋不能喔！

將蛋黃從徹底煮熟的蛋中取出，壓碎後冷凍。咬食期之後可以切成蛋絲來添加菜色的色彩變化。

吞食期

不給寶寶吃！擠食期後可從1匙蛋黃開始添加

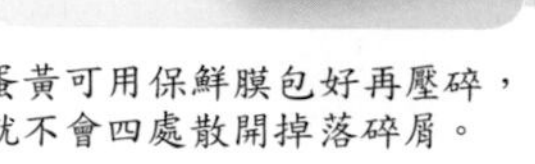

蛋黃可用保鮮膜包好再壓碎，就不會四處散開掉落碎屑。

切成蛋絲就可以冷凍，也可以拿來做大人的料理。

「嫩雞胸肉條」

斜切片方式切斷纖維
以太白粉防止乾澀

將嫩雞胸肉條1條（50g）斜切片切斷纖維，雞肉就會更軟更好弄碎！撒上1/2小匙太白粉，加上1大匙水，包上保鮮膜以微波爐（600W）加熱40秒至1 分鐘。（或將水滾後放入雞肉，熄火加蓋燜 5 分鐘）

煮熟後用叉子背面壓碎即可。

吞食期

不給寶寶吃！吞食期還不能吃肉類。嫩雞胸肉條進入擠食期之後才可以添加。

擠食期

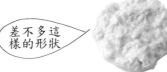

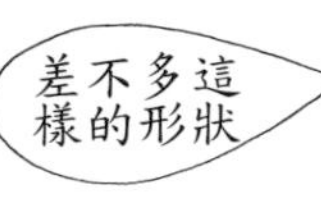

以此狀態放
入冷凍庫

加熱後壓成細末，分成一餐份用保鮮膜包好。

咬食期

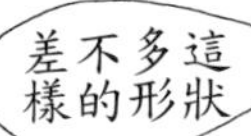

以此狀態放
入冷凍庫

加熱後壓碎成5mm大小，分成一餐份用保鮮膜包好。

咀嚼期

加熱後弄碎成1cm大小，分成一餐份用保鮮膜包好。

雞胸肉 秘訣是與嫩雞胸肉條一樣切成50g薄片再加熱

切成薄片撒上太白粉、水以微波爐加熱；與嫩雞肉條一樣，加熱後就會變軟好壓碎。寶寶適應嫩雞肉之後可以嘗試看看。（或將水滾後放入雞肉熄火加蓋燜5分鐘）

吞食期

不給寶寶吃！進入擠食期，適應嫩雞胸肉後才可以添加

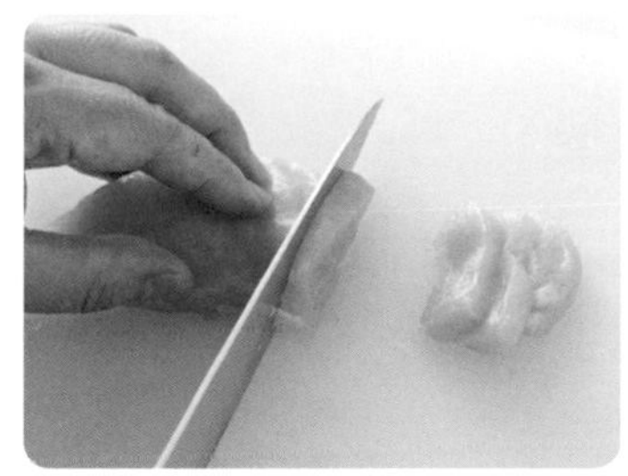

切薄片技巧也可活用於大人的料理！

＊冷凍時形狀請參照嫩雞胸肉條。咬食期、咀嚼期時也可以切成薄片冷凍，解凍時再切成方便食用的大小。

雞腿肉 包著保鮮膜與肉汁一起冷凍可保肉質濕潤

將雞腿肉50g去皮去脂肪，用保鮮膜包起來以微波爐（600W）加熱1分鐘。冷凍後再切成符合時期需求的形狀。（或將水煮滾後放入雞肉熄火加蓋燜8分鐘）

吞食期

不給寶寶吃！進入擠食期，適應雞胸肉後才可以添加

用保鮮膜包著冷凍保持鮮潤口感。

＊冷凍時形狀請參照嫩雞胸肉條。咬食期、咀嚼期時可以切成薄片冷凍，解凍時再切成方便食用的大小。

絞肉 拌入太白粉與水再加熱，可讓肉質蓬鬆柔軟

將1大匙水及1/2小匙太白粉加在絞肉50g上，攪拌均勻。蓋上保鮮膜以微波爐（600W）加熱40秒～1分鐘後再弄碎。用保鮮膜包好或是裝入密封袋冷凍。（或放入電鍋外鍋加0.5杯水蒸熟）。

吞食期
擠食期

不給寶寶吃！進入咬食期後可從脂肪少的雞胸絞肉開始嘗試。

雞、豬、牛絞肉處理方式皆相同。

or

薄肉片 用滾水涮煮，攤在濾網上再蓋上保鮮膜

用滾水涮煮後鋪開在濾網上，蓋上保鮮膜冷凍，再切成1cm長的絲狀或細條。加熱時可以撒上少許太白粉再水煮。

吞食期
擠食期

不給寶寶吃！進入咬食期後可以先牛後豬的順序開始嘗試。

蓋上保鮮膜可以防止乾澀

裝入密封袋，使用時再取出需要的量。

跨出副食品的第一步

製作粥·軟飯

米粥類從10倍粥開始，慢慢減少水分升級到「軟飯」、「飯」。建議粥用電鍋，軟飯用微波爐來製作會比較簡單。

粥的水量	10倍粥	7倍粥	5倍粥（全粥）	4倍粥	軟飯	飯
用米烹煮（米：水）	1:10	1:7	1:5	1:4	1:3~2	1:1.2
用飯烹煮（飯：水）	1:9	1:6	1:4	1:3	1:2~1.5	—

* 水量會依煮的量跟火候等有所不同，請邊煮邊調整，例如水分蒸發掉了就再加一些水。一次多煮一點會比少量更容易成功。
* 因為飯裡面已經有水分，所以用飯來煮粥時水量會比用米時要少。

10倍粥

交給電鍋輕鬆美味！

10倍粥就是以比米多10倍的水來煮粥，是副食品的第一道粥。寶寶接受度好的話就可以用電鍋一次煮較多份量。

方便製作的份量 米1/4杯（50ml）水500ml

1 將米跟水放入電鍋，選擇「粥」模式

加入米跟10倍的水，按下「粥」按鍵即可。不同於用鍋子煮粥，因為不需調整火候，變得相當簡單。

2 電鍋顯示煮好就完成了！

7倍、5倍、4倍粥的煮法也一樣，剛煮好時看起來好像水分很多，不過邊燜邊放涼時米粒就會把水分吸收掉了。

過濾到只剩下水分後，就把磨過的飯粒加進去拌勻。

3 邊舀起飯粒邊過濾

吞食期時需要過濾，方法是用湯匙舀起粥，再用湯匙背面幫助過濾。附著在濾網背面的飯粒要挖起來，也可以用食物調理器磨泥。

軟飯

飯＋水用微波爐加熱最輕鬆！

軟飯就是「較軟的飯」。依照想要的軟度來調整水量。

方便製作的份量 飯200g 水300ml

1 將飯跟水放入耐熱碗中攪拌，加熱6分鐘

將飯跟水加入耐熱容器中攪拌，不要蓋上保鮮膜（以免水滾會噴濺出來）放微波爐加熱6分鐘。

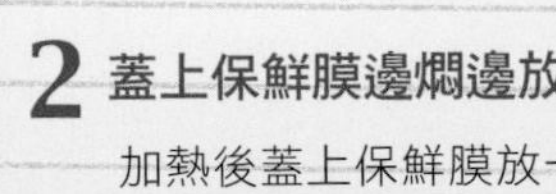

2 蓋上保鮮膜邊燜邊放涼

加熱後蓋上保鮮膜放一下。邊燜邊放涼的過程中飯粒就會吸水膨脹。

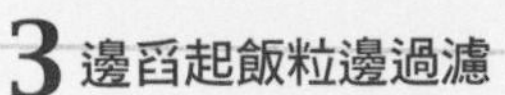

用微波爐可以輕鬆煮出喜好的軟度！

只需要煮一餐份時可以「把耐熱杯放進電鍋一起煮」

將寶寶要吃的份量的米跟水放進耐熱杯，然後放進電鍋跟大人要吃的飯一起煮即可。*有的電鍋機種無法這樣煮。

親自煮還是最好吃

高湯、蔬菜湯的作法

幾乎不使用調味料，味道清淡的副食品，美味關鍵就取決於高湯跟湯。有空時一次煮起來，放入製冰盒冷凍，每次取出少許所需量來使用即可，相當方便！

和風高湯

用烹調用廚房紙巾包柴魚片，不用過濾輕鬆又美味！

用昆布跟柴魚片煮的和風高湯從吞食期就很好用。冷藏可保存3天，冷凍可保存一星期，一次可做多一些備用。

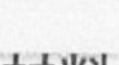

材料

昆布3g（8cm）**柴魚片6g**（蓬鬆狀態下1杯）
水400ml

1 將水跟昆布放入鍋中煮，水滾前關火

將水跟用濕布輕輕擦淨的昆布放進鍋中以中火煮，開始冒小泡時就關火。

2 放置30分鐘左右將昆布取出

比起放在冷水裡，昆布放在煮過的熱水中鮮味較快滲入湯中。放置30分鐘左右就可以把昆布用筷子挾起來了。

3 把湯煮開放入柴魚片包

開火把作法2的昆布湯煮開，再加入柴魚片包。把柴魚片包的開口朝上就不會散開。

4 煮2~3分鐘再把柴魚片包取出

用小火煮2～3分鐘把柴魚味煮出之後，用筷子把柴魚片包取出即完成！煮好時的量大約是300ml左右。

蔬菜湯

蔬菜只需15分鐘即可煮熟，但煮到30分鐘甜味才會出來！

以數種苦味較少的蔬菜燉煮出來的高湯，濃縮了蔬菜自然的甜味，可當做西式料理副食品的調味湯底。

材料

蔬菜（洋蔥、馬鈴薯、紅蘿蔔、高麗菜）**各50g**
水600ml

1 將蔬菜切成差不多大小

將洋蔥切成5mm薄片，馬鈴薯跟紅蘿蔔切成5mm厚1/4圓片，高麗菜切小塊。

2 將蔬菜跟水放入鍋中燉煮約30分鐘

將蔬菜跟水放入鍋中以中火煮開後，撈起泡泡，再轉小火蓋上燉煮。煮30分鐘左右就可充分煮出甜味。

3 將烹調用廚房紙巾鋪在濾網上過濾

將烹調用廚房紙巾鋪在濾網上，倒入蔬菜湯。煮的時間比較長，所以湯的量大概會變成300ml。

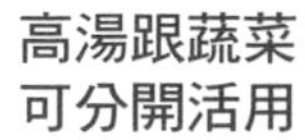

高湯跟蔬菜可分開活用

煮完的蔬菜可以拌上美乃滋做成大人吃的沙拉，因為已經煮得很軟，所以也可以再切碎冷凍作為其他副食品用。

將高湯倒入製冰盒裡冷凍，結凍後取出放入密封袋保存。

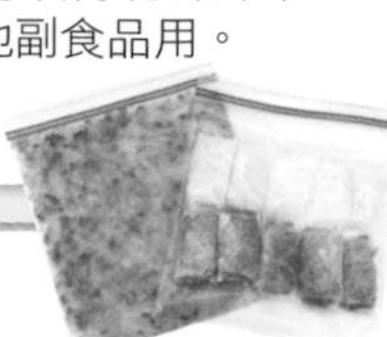

如何使用冷凍食材？

吃得美味！解凍3原則

解凍冷凍食材時，重要的是「只取出所需份量」、「冷凍狀態直接加熱」、「徹底加熱」三個步驟。遵守這些原則就能讓冷凍食材的美味復活！

Step 1 迅速取出，馬上放回冷凍庫 只取出所需份量

在使用這些分成一餐份冷凍起來的食材時，必須迅速取出，馬上放回冷凍庫。放進密封袋中的食材可以折斷取出，或用湯匙挖出所需份量，把空氣擠出封口再冷凍。冷凍副食品時會將少量食材推開成薄片狀冷凍，所以就很容易融化。食材重複冷凍解凍會變質，所以動作要盡量快！

Step 2 一口氣解凍→加熱會更好吃 以冷凍狀態直接加熱

自然解凍時食材上的霜會融化掉讓食材變得水水的，反而會讓營養或鮮味流失。這一點要多加注意。副食品用冷凍食材的份量跟大人比起來少，好處就是解凍或加熱時間也比較短。在冷凍狀態下放進微波爐或鍋中加熱，頂多需要3～5分鐘即可。一口氣解凍加熱比較輕鬆，也可讓美味復活。

微波爐

平底鍋

小尺寸的鍋或平底鍋很好用

直徑15～20cm的小鍋或平底鍋，能防止水分蒸發，讓加熱更有效率。

Step 3 食用前徹底加熱才安心 徹底加熱到全部熱透為止

徹底加熱除了可以讓食材恢復美味，也同時有殺菌效果。有的食材雖然處理時加熱過，但考量衛生因素，食用前再加熱一次還是比較安心。用微波爐加熱的話取出後要充分攪拌，如果發現有地方還冰冰的，就要視情況再加熱一次。用鍋子加熱的話則要讓湯汁沸騰過一次。

冷凍保存起來
每天就是這麼輕鬆

別讓寶寶等，快做給寶寶吃吧！

寶寶肚子一餓就會變成飢餓大怪獸！一分鐘都等不及，所以「冷凍副食品」就是媽媽們最有力的好幫手。將冷凍庫的食材快速拿出幾樣來加熱組合，美味副食品瞬間完成！

擠食期——1分30秒料理

南瓜粥

蔬菜粥又甜又好入口，很受寶寶歡迎。準備好處理過跟算好份量的粥跟蔬菜，就只要微波加熱即可！

7倍粥50g　南瓜10g

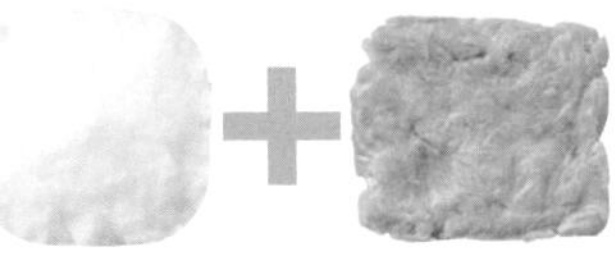

將粥從容器取出，取下南瓜的保鮮膜放入耐熱容器中。

放進去

將保鮮膜覆蓋在食材上用微波爐加熱1分30秒。（或放入電鍋外鍋用1杯水蒸熟）

完成

擠食期——1分鐘料理

紅蘿蔔湯煮綠花椰菜

冷凍蔬菜加上放在製冰盒冷凍蔬菜湯即可完成。有蔬菜的鮮味，蔬菜也可以獲得充分加熱。

綠花椰菜10g　紅蘿蔔10g　蔬菜高湯1塊

將蔬菜的保鮮膜取下，跟蔬菜高湯一起放入耐熱容器中。

放進去

將保鮮膜覆蓋在食材上用微波爐加熱40秒~1分鐘。（或放入電鍋外鍋用0.5杯水蒸熟）

完成

變變花樣——3分鐘料理

綠花椰菜魩仔魚麵線

只需一個鍋子就可簡單完成燉煮麵線！建議可將麵線先用微波爐加熱1分鐘左右，在半解凍的狀態烹煮。

麵線90g　綠花椰菜15g

魩仔魚乾15g　高湯冰2塊

取下蔬菜的保鮮膜，麵線用微波爐加熱後放入鍋中。

咕嚕咕嚕

中間加水煮即可。

完成

知道秘訣更美味！

不失敗！微波爐解凍 加熱

只要把這些秘訣學起來，就可以避免發生「保鮮膜爆掉了」「加熱過頭

粥或是偏粉狀食材 添加水分就可以變得膨脹鬆軟

副食品用的冷凍食材不但量少，而且解凍同時加熱時，水分容易被蒸發。較黏稠容易結塊的粥，或是口感偏粉狀的南瓜與藷類等，在加熱時加上1小匙左右的水，就可以讓食材保持剛好的水分，維持濕潤的狀態。加入高湯、牛奶、豆乳、番茄等，除了水之外的水分或富含水分的蔬菜，也可以有同樣的效果。還有不要忘記在想要避免水分過度蒸發的食材上，輕輕「覆蓋」上保鮮膜。

容易發生的小失誤

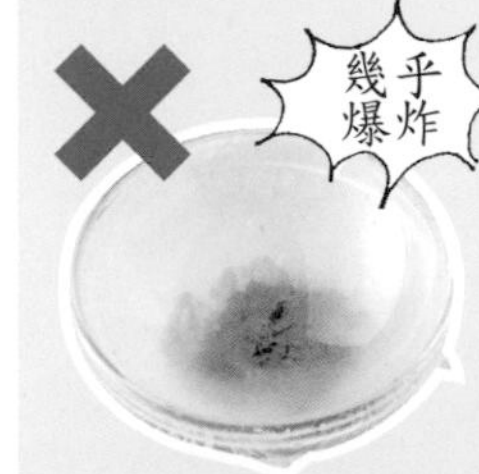

原因是保鮮膜包太緊

這是因為保鮮膜縮起來，讓容器變成真空狀態所致。此時用手打開保鮮膜會燙傷，請用竹籤等戳洞弄破保鮮膜。

原因是加熱過度

這是因為加熱南瓜時沒有加水，或加熱時間過長所致。水分流失變硬，中間部分就會焦掉。

Technique
2

轉盤邊緣可接收較多電磁波 放在轉盤邊緣加熱效率較好

微波爐中旋轉式轉盤的邊緣在性質上會接收到比較多電磁波，所以把食材放在邊緣加熱的效率較好。若是沒有轉盤的平底式微波爐，因為其加熱原理是電磁波會在爐內反射來加熱食物，所以放在中央是正確的。

Technique 3

＼加熱不均現象常常發生／

所以加熱後攪拌 可幫助內部徹底加熱

食譜的加熱時間僅為參考，實際上食材的狀態、微波爐的機種等因素都會影響加熱成效。因此加熱後要記得攪拌一下全部食材，以確認有無加熱不均或是否徹底加熱。如果還有冰涼的部分，就每次追加10～20秒再度加熱。

Technique 4

＼加熱後會漸漸乾燥／

包上保鮮膜燜 能保有食材水分

解凍加熱後要將食材冷卻到人體溫度左右才能給寶寶吃。用保鮮膜包住表面邊燜邊冷卻的話水分就不會流失，也能帶來蓬鬆柔軟的口感。沒有時間等待時可以放保冷劑在保鮮膜上。

（註：用電鍋加熱烹調請參閱對照表P24。）

趕時間時把保冷劑放保鮮膜上面即可快速冷卻！

＼空氣受熱會膨脹／

保留通氣口可防止爆炸

容器以保鮮膜密封起來之後，用微波爐加熱時裡面的空氣就會受熱膨脹，冷卻後又會急速縮起來，讓保鮮膜包得更緊，使容器中變成真空狀態！要防止這種情形，重要的是在包保鮮膜時不要蓋太緊，要留一個通氣口。把保鮮膜包得有點落在容器內側，就容易形成縫隙，容器中的空氣量也會因此減少，讓加熱更有效率。

將食材放進耐熱容器以微波爐加熱時

把保鮮膜鬆鬆地覆蓋在食材上是重要關鍵

包上保鮮膜冷凍的食材，加熱時就用當初冷凍時所用的保鮮膜即可。這樣回收再利用也不會造成浪費。

也可用矽膠蒸氣鍋的蓋子

如果剛好有擅長微波爐料理的矽膠蒸氣鍋(迷你型)的話，也可用它的蓋子來替代保鮮膜。蓋子上的小孔可以幫助蒸氣散出。

直接用分裝容器以微波爐加熱時

打開蓋子

蓋子可以微波的話加熱時稍稍打開蓋子，或移出一個小縫通氣即可。

將保鮮膜鬆鬆地蓋上

蓋子不能微波的話就把蓋子拿掉，將保鮮膜覆蓋在食材上來加熱。

包裹著保鮮膜直接用微波爐加熱時

將左右側打開讓空氣好流通

基本上移到耐熱容器加熱能防止爆炸，是比較安心的作法。要直接加熱的話就要把左右打開留下通氣口。

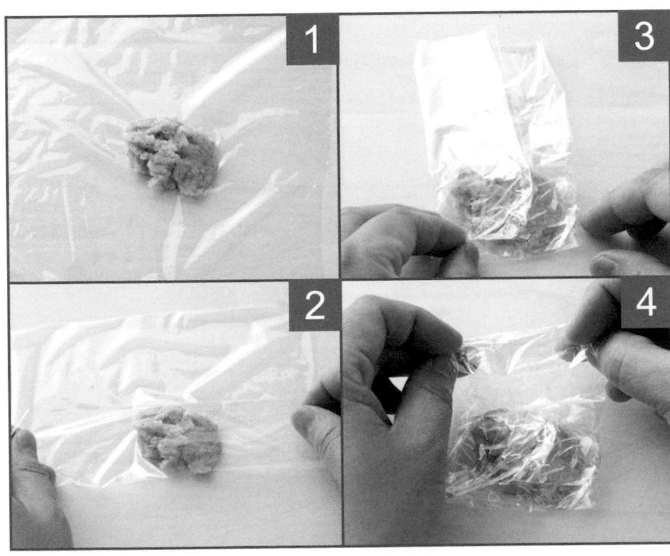

包裹著保鮮膜直接用微波爐加熱時

保留通氣口的保鮮膜包法(照片上)將食材放在方形的保鮮膜上，上下再左右對折包起，解凍時就容易打開。(照片下)

以微波爐加熱湯汁時

為避免沸騰時液體溢出，不蓋保鮮膜或蓋子

加熱液體較多的食材時，要注意液體沸騰時會溢出容器，所以盛裝時要以七分滿為上限，不要蓋保鮮膜或蓋子來加熱。

＼老師教教我／
Column

＼意想不到地重要！／

太白粉的用法

不好下嚥的食材只要勾芡就能變得好下嚥。「太白粉」是副食品的重要工具。

副食品重要的是「勾芡」！

寶寶「不願意吃」副食品的其中一個原因就是「不好下嚥」。例如乾澀的魚或肉、粉粉的南瓜、含有大量纖維的蔬菜等，直接給寶寶吃的話，應該幾乎所有的寶寶都會抗拒吧？能夠拯救這種不好下嚥情形的，就是用太白粉勾芡。

太白粉的使用方法很簡單。用鍋子煮的時候，就將以水溶解掉太白粉而煮至沸騰的湯汁倒在食材上，用微波爐的話，就將以水溶解的太白粉倒在食材上，直接用微波爐加熱即可。不管使用哪一種調理方法，太白粉容易結塊，所以重點在於「徹底攪拌」跟「倒進去之後也要徹底攪拌」！當然也可以用高湯或湯來代替水。

1 要使用前攪拌

將水（或高湯、蔬菜湯）與太白粉徹底攪拌至沒有粉狀物為止。

2 倒下去之後立刻以微波爐加熱

趁步驟1還未分離之前均勻倒入冷凍食材！鬆鬆地蓋上保鮮膜然後加熱。

3 以微波爐加熱後馬上再攪拌

加熱完成後馬上取出，用湯匙快速攪拌全部食材。放著不管就會結塊，所以完成前都是速度取勝！

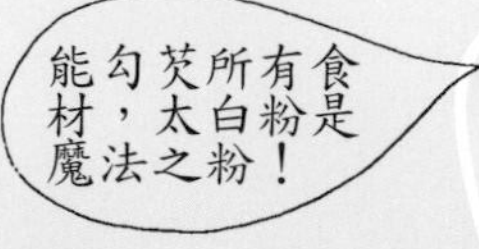

能勾芡所有食材，太白粉是魔法之粉！

★太白粉是以藷類的澱粉為原料，所以用於副食品也安心。

堀江佐和子老師語錄

食材的鮮度最重要

副食品調味料少，所以愈是使用「好的食材」，寶寶吃得愈開心。好並不是指昂貴，而是要趁新鮮時使用鮮度好的食材。

空腹就是最好的調味料

跟大人一樣，寶寶也是肚子餓了就會感到更美味。慢慢讓寶寶養成規則的飲食作息吧。就算寶寶吃飯前鬧脾氣，也不可以用零食來餵飽寶寶。

讓用餐時間成為親子共樂時間

看到媽媽面露兇光地把湯匙遞過來，寶寶也會食慾全消吧。當然也會碰到寶寶不願意吃，讓人煩躁不已的情形，此時媽媽更要以笑容來面對寶寶！

寶寶也有吃的喜好

就算花工夫準備了多種食材，寶寶對食物的好惡還是會自然產生。有時也會突然討厭之前喜歡的食物，或變得喜歡本來討厭的食物。耐心地去面對吧！

今天不吃也還有明天

寶寶不吃，原因可能來自於今天身體的狀況，或料理方法等。下次料理時可以試試在處理或切的時候更仔細一些等。

Part 2

從今天開始

冷凍副食品食譜集

吞食期 P.46~

擠食期 P.62~

咬食期 P.92~

咀嚼期 P.124~

此部分提供媽媽們一次處理及冷凍 4 至 6 種食材，可使用星期一到五，一星期份的食譜。

新手媽媽只需照做即可！喜歡料理的媽媽，可以作為每天副食品菜單或搭配的參考。

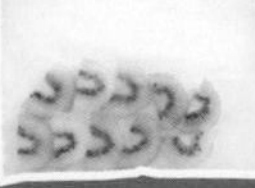

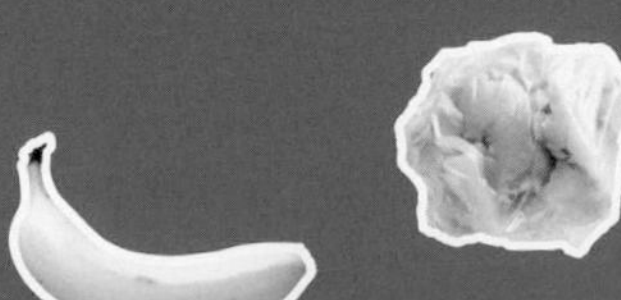

\5~6個月左右/

吞食期

「第一次」嘗試母乳或配方奶以外的味道
開始添加副食品

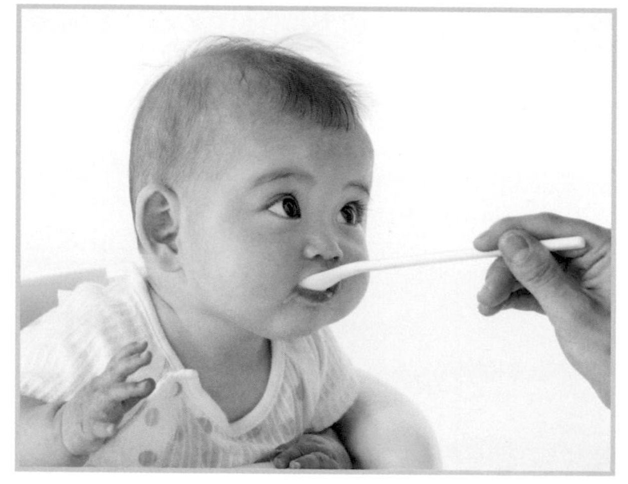

值得紀念的第一次「吃東西」！親子一同享受吃的樂趣吧

寶寶母乳或配方奶喝得很好，但湯匙上的粥卻會從嘴巴流出來，媽媽看到這種情形可能會嚇一跳吧！

但是對寶寶而言，副食品是第一次的體驗，不順利是當然的。吞食期是慢慢習慣吞嚥食物的時期，讓親子一起享受吃東西的樂趣吧！寶寶吃得愈來愈順之後，就可以開始一次處理及冷凍食材，較為輕鬆。

將湯匙輕放於寶寶舌頭上，不要強塞進嘴巴，

只要將湯匙輕輕碰觸寶寶的下唇，寶寶的嘴巴就會打開，上唇自然地蓋上閉起後再輕輕抽出湯匙即可。不要把湯匙強行塞入寶寶的嘴巴。

\吞下去/

能閉嘴吞嚥即可

寶寶能夠吞下濃稠的副食品就算成功。如果從嘴巴流出來，就馬上再用湯匙撈起來再放進寶寶嘴裡即可。

Q 要在哪裡吃呢？

如果餐椅角度偏前傾的話，寶寶就會坐不穩。最開始可以把寶寶抱在媽媽的膝蓋上，或是可以讓寶寶向後傾的椅子比較好。

- **一開始先由媽媽抱著**

  將寶寶放在膝蓋上，一手支撐住寶寶身體，另一手餵寶寶吃。

- **讓寶寶保持稍向後傾的姿勢**

  上半身稍向後傾，寶寶在吃的時候就比較不會漏出來，也比較好吞。

寶寶的舌頭只能前後動
最多只能吞嚥，所以

必須要調理成
可直接吞嚥的濃湯狀！

一開始寶寶會討厭吃起來乾澀的東西，所以一定要過濾，調理成水分較多且微黏稠的濃湯狀。等寶寶漸漸習慣了再慢慢減少水分。

該什麼時間給寶寶吃呢？

- 將1次餵奶時間改爲副食品時間
- 避免深夜或清晨
- 增加到2餐時要間隔4小時以上

前半期將1次餵奶時間改為副食品時間。避免深夜或清晨，選擇媽媽方便的時間即可。增加為兩餐之後，需間隔4小時以上，再把1次的餵奶時間改為副食品時間。

寶寶進食作息表 Schedule

早上	母乳／配方奶
中午前	副食品＋母乳／配方奶
中午	母乳／配方奶
下午	母乳／配方奶
黃昏	副食品＋母乳／配方奶（增加為2餐之後）
睡前	母乳／配方奶

吞食期的冷凍處理方法

過濾

粥或蔬菜用過濾器過濾之後，就可以除去結塊或纖維讓食材更綿滑。

磨碎

將食材放進研磨缽中，用磨杵磨碎使食材綿滑。白肉魚就可以用這個方法。

磨泥

菠菜、紅蘿蔔、吐司等冷凍成棒狀後，就可以用磨泥器輕鬆磨泥！

一餐份的形狀與硬度

米(粥)、紅蘿蔔、哈密瓜、豆腐大比較

前半

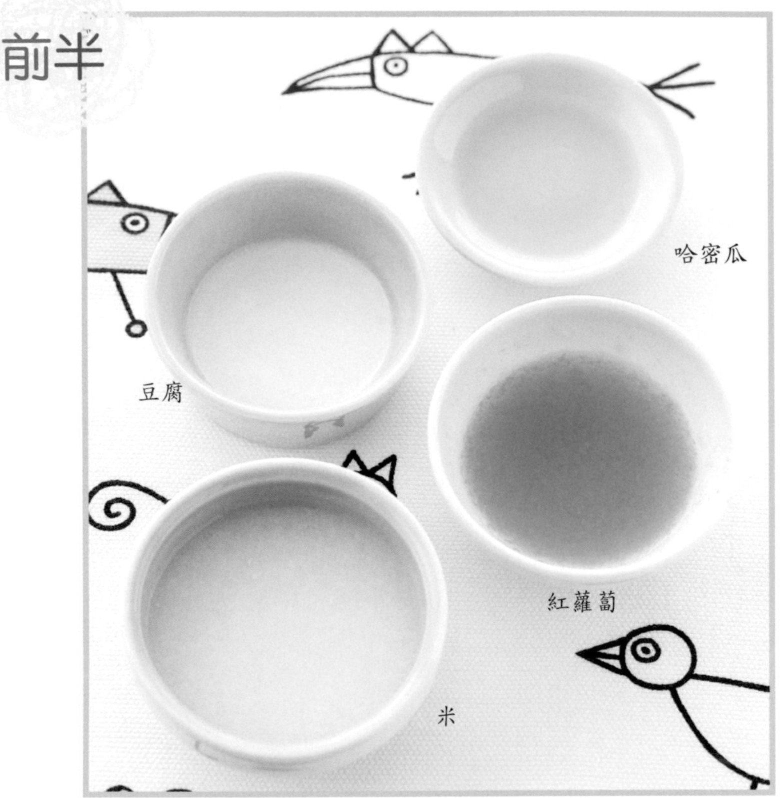

米

10倍粥泥

以米1：水10的比例煮粥(作法請參照P36)，然後過濾。量從1匙開始，到2～3大匙為止。

紅蘿蔔

紅蘿蔔過濾泥

將紅蘿蔔煮後過濾放入小鍋，加水至稍稍蓋住紅蘿蔔泥的程度，煮沸後加入少許已用水溶解的太白粉勾芡。量為1匙～適量。

哈密瓜

哈密瓜過濾泥

將熟透的哈密瓜果肉過濾成泥。量為1匙～適量。

豆腐

豆腐泥

將嫩豆腐汆燙後磨碎，再加入高湯或放涼的開水和成泥。量為1匙～適量。

吞食期副食品適當的量是多少？

- 熱量來源食品……適量
- 維生素、礦物質來源食品……適量
- 蛋白質來源食品……適量

吞食期是寶寶適應吃東西的時期，觀察寶寶的情形，再慎重地慢慢增加量。就算寶寶食慾較旺盛，也不要超過擠食期前半的參考量。

後半

米

7倍粥泥

寶寶習慣10倍粥後，就可以改為7倍粥。以米1：水7的比例煮粥，然後再用研磨缽磨碎。量為2～3大匙。

紅蘿蔔

紅蘿蔔碎泥

將紅蘿蔔煮後磨碎放入小鍋，加水至蓋住紅蘿蔔泥的程度，煮沸後加入少許已用水溶解的太白粉勾芡。量為適量（紅蘿蔔10g左右）。

哈密瓜

哈密瓜過濾泥

將熟透的哈密瓜果肉過濾成泥。量為適量（哈密瓜5g左右）。

豆腐

豆腐碎泥

將嫩豆腐汆燙後磨碎。量為適量（豆腐25g左右）。

可以進入擠食期了

- ☑會開始嘴巴開閉來吞嚥水分較少、黏稠狀的副食品。
- ☑表現出喜歡吃一天一次或兩次的副食品的樣子。
- ☑主食副菜加起來，一次可以吃到兒童用碗一半以上的量。
- ☑如果是從6個月開始的話就是7個月。

5~6個月左右

吞食期第1-2週

發展順利時，就挑寶寶身體狀況或心情好的日子開始

寶寶的身體要到大約5～6個月才能夠接受副食品，如果寶寶脖子已經完全硬了、有支撐力且可以坐好、或看起來很想吃東西的樣子，就表示可以吃副食品了。挑寶寶身體狀況或心情好的時候開始吧！

開始的秘訣

副食品一天一餐。例如早上10點左右，下午兩點左右或6點左右等，挑一次媽媽方便的餵奶時間。一開始連吞嚥都很困難，所以要一匙一匙，慢慢地餵寶寶吃。就算好幾天都沒有辦法吞下去伸出舌頭把副食品吐出來，也不用著急，寶寶會慢慢習慣的。副食品餵完要喝奶時，寶寶想喝多少就給寶寶喝多少。

需要事前
練習嗎？

不需要用涼開水或果汁練習

過去大家都習慣有一個「準備期」，會先給寶寶果汁或湯，來讓寶寶習慣母乳或配方奶以外的味道。但是為避免讓寶寶喝太多果汁，加上大家發現沒有準備期，寶寶的副食品過程也可以順利進展，所以就變得不需要事前練習了。從吞食期開始練習即可。

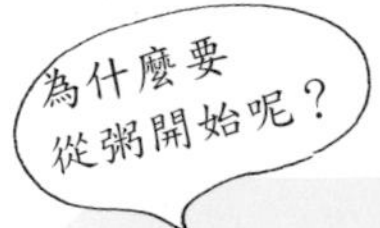
為什麼要
從粥開始呢？

寶寶還很難消化魚或肉等蛋白質

消化食物的主角是腸胃。但是寶寶的腸胃還未發達，特別是蛋白質，無法充分被分解吸收。因此，副食品必須從容易消化的米粥（穀類）開始，再添加蔬菜，最後才添加蛋白質來源食品。

要怎麼
調味呢？

鹽分會造成寶寶身體負擔 不需使用調味料

6個多月寶寶的腎臟將鹽分排出體外的機能只有大人的一半左右，過多的鹽分會對還未成熟的腎臟造成相當大的負擔。因此在開始添加副食品的吞食期，要先讓寶寶嘗試食材沒有調味過的原味。擠食期才可以開始使用極少量的調味料。（詳細請參照P.90）

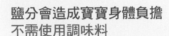

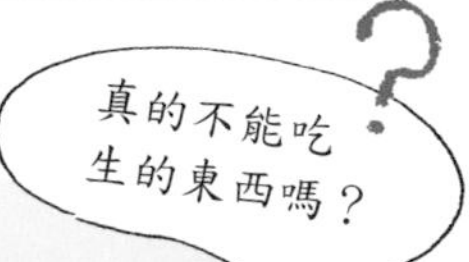
真的不能吃
生的東西嗎？

就算不是生食也 一定要加熱殺菌

別忘記寶寶對於細菌的抵抗力比大人要弱！就算是少量，細菌只要進入寶寶身體，就有可能會引發食物中毒。需要壓碎或切碎的副食品，更容易感染細菌。所以不只是生魚或生肉，豆腐或蔬菜等也需要加熱殺菌。

\ 開始進入吃東西階段！/

開始添加副食品

「要先做什麼？」「量應該要多少？」相信所有媽媽要開始給寶寶副食品時，都會有一大堆疑問。讓我們來確認最開始的進行方法吧！

用2～3週的時間讓寶寶習慣3個營養來源

如下頁表所示，用2～3週的時間來讓寶寶嘗試3種營養來源食品。1種食品要持續4～5天，如果一次給太多種食物，發生過敏時會無法找出特定過敏源。不用太過拼命地要讓寶寶吃太多種食物！

1 米粥（10倍粥）從1小匙開始 好消化的米較適當

一開始要給寶寶吃水量為米量10倍的「10倍粥」。10倍粥好消化，也不太會引發過敏是較為安心的食材。第一天1匙，第二天也1匙，第三天增為2匙，等寶寶習慣之後就可以給大約30～40g（2~3大匙）。

↓

2 嘗試用蔬菜做成的黏糊狀食品 苦味較少的紅蘿蔔跟南瓜等較適當

粥順利吃了約5天之後，就可以準備蔬菜作為第二道菜。較推薦的是南瓜、紅蘿蔔等苦味較少且含有甜味，方便調理的食材。從1匙開始再慢慢增加，等寶寶習慣後大約可以增加到10g左右。

↓

3 追加豆腐或白肉魚等蛋白質 白肉魚以鯛魚、比目魚、鰈魚等較適當

等寶寶習慣粥跟一種蔬菜之後，就可以添加一種蛋白質來源食品。一開始可以選擇容易調理成泥狀的豆腐，處理起來比較簡單。一定要加熱之後才可以給寶寶吃。慢慢增加量，等寶寶習慣之後大約可以增加到豆腐25g（3cm方塊大小1塊）。

1匙＝1小匙(5ml)
容量較小的副食品量匙的話大概是數匙。

＼就是這樣進行／

最開始1～2、3週的添加方法

	第1週 1	2	3	4	5	6	7	第2週 8	9	10	11	12	13	14	第3週 15	
熱量來源食品（過濾10倍粥）	START								慢慢增加							
維生素、礦物質來源食品（過濾紅蘿蔔泥）						START							慢慢增加			
蛋白質來源食品（豆腐碎泥）											START					慢慢增加

1 製作少量的10倍粥吧！

用鍋子煮或用耐熱杯放電鍋內

【材料與作法】將飯1大匙及水130～140ml加入小鍋以中火煮，煮開後將鍋蓋稍微移開，轉小火煮20分鐘。或是把米1小匙與水50ml放入耐熱杯，跟大人的飯一起煮(請參照P.36)。
➲過濾調理成綿滑的濃湯狀。

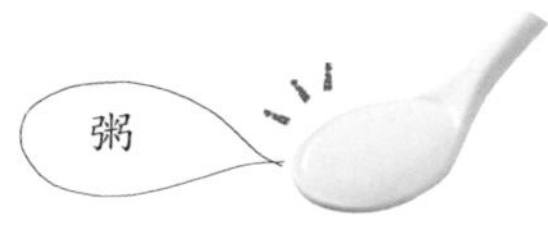

2 製作少量的紅蘿蔔泥吧！

從以常溫水煮到軟後過濾勾芡

【材料與作法】紅蘿蔔削皮後切成約厚1cm的圓片，放入小鍋，加水至蓋住紅蘿蔔左右煮至軟。
➲過濾後放回鍋中，加入已用水溶解的太白粉加熱，慢慢勾芡。
★稍有厚度會比薄片煮起來甜！

紅蘿蔔

3 製作少量的豆腐碎泥吧！

汆燙嫩豆腐調理成綿滑狀

【材料與作法】將嫩豆腐切成需要大小（1.5cm方塊為1小匙，2cm方塊為2小匙），然後汆燙。如此就可以殺菌，不需長時間燉煮。
➲過濾或磨碎成綿滑狀。
★使用微波爐時，食材會從內部加熱，須加熱到表面也變熱。

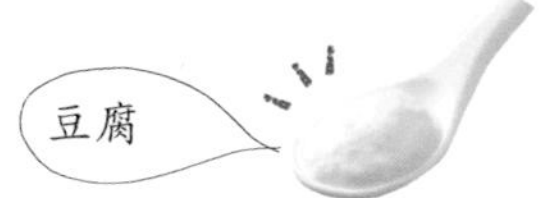

習慣了三大營養來源食材之後，副食品就可以增為一天兩次

開始冷凍一星期份食材

5~6個月左右 / 吞食期第3週

習慣了三大營養源之後，就可以開始冷凍副食品食材了！

開始添加副食品3週左右，寶寶已經習慣了粥、蔬菜、蛋白質等三大營養源，也變得能夠順利吞嚥了。此時一次冷凍一星期份食材，媽媽就可以比較輕鬆！首先從冷凍4種食材開始。

只要準備這些食材，星期一到五的份量就解決了

裝入製冰盒後多餘的部分可以當天給寶寶吃，或加進大人喝的湯裡面，讓湯帶點黏稠感也很好喝。

10倍粥
過濾成綿滑狀

30g X 15~16份

將米1/4杯(50ml)與水500ml放入電鍋，選擇「粥」模式來煮。煮好後過濾(或以食物調理器處理)。

米1/4杯　水500ml

倒入製冰盒中冷凍。照片中的製冰盒是每小塊15g(1大匙)，每餐用2塊(30g)。

南瓜
用微波爐一次加熱100g就不會失敗

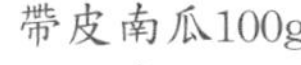

帶皮南瓜100g

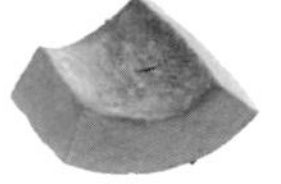

將帶皮南瓜直接用保鮮膜包起來，用微波爐加熱2分鐘(或放入電鍋外鍋2杯水蒸熟)，然後去皮徹底壓碎。

10g X 8份

攤平在保鮮膜上包成扁平狀，壓出8等分摺痕，放入密封袋內冷凍。

菠菜
以棒狀冷凍→將葉片部份磨泥

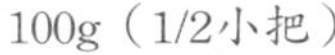

100g(1/2小把)

用滾水煮至軟，然後過冷水去苦味。徹底去除水分。

約6份

以保鮮膜包成棒狀冷凍，在冷凍狀態下直接將葉部磨泥。

由於莖部是要用手拿的部份，所以要一起冷凍。如果最後只剩下莖部，也可以活用於大人喝的味噌湯等料理！

白肉魚(鯛魚)
利用生魚片就很簡單！

5g X 6份

分成6等分(每份5g)各放在保鮮膜上，包成扁平狀冷凍。

30g(生魚片3片)

將1/4小匙的太白粉撒在魚片上，加上1大匙水，以微波爐加熱40秒～1分鐘後磨碎。(或放入電鍋外鍋0.5杯水蒸熟)

與家中既有食材搭配

- 香蕉　香蕉雖然是水果，但富含糖分，可以當作吞食期的主食。有甜味寶寶也很喜歡！
- 番茄　酸酸甜甜又富含水分，與南瓜搭配剛剛好。處理時要將皮跟籽去除再磨碎。
- 配方奶　寶寶還不能喝牛奶，所以只能用以熱水沖泡的配方奶。
- 豆乳　與豆腐相同，可從吞食期開始吃。
- 黃豆粉　黃豆粉是以黃豆為原料的蛋白質來源食品。要跟粥好好攪拌以免寶寶噎到。
- 高湯　(參照P.37)

Monday
星期一

加熱後
馬上完成
一餐！

白肉魚菠菜泥丼

有了黏稠的粥幫忙，寶寶即可吞嚥青菜跟魚

白肉魚菠菜泥丼

材料

A 10倍粥　C 菠菜　D 白肉魚

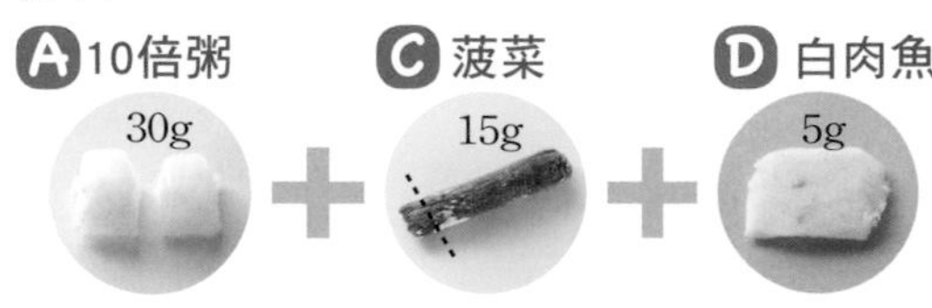

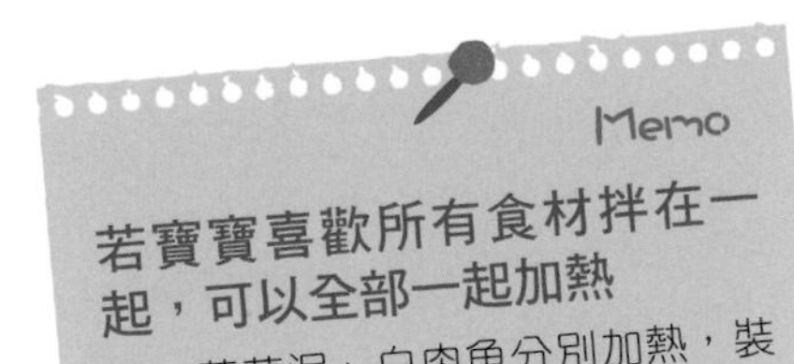

Memo

若寶寶喜歡所有食材拌在一起，可以全部一起加熱

粥、菠菜泥、白肉魚分別加熱，裝盤時看起來色彩豐富，餵寶寶時也可以隨時調整混合。不過如果寶寶喜歡所有食材拌在一起的話，可以全部一起加熱。

作法

❶ 在10倍粥中加1小匙水蓋上保鮮膜，以微波爐加熱40秒～1分鐘。

❷ 將冷凍菠菜直接磨泥15g（1大匙），蓋上保鮮膜以微波爐加熱20秒。將白肉魚蓋上保鮮膜以微波爐加熱30秒。

❸ 將作法❷倒在作法❶上。

Tuesday
星期二

10倍粥

南瓜白肉魚泥

Wednesday
星期三

「南瓜的甜味」是幫助餵食順利的好幫手

黃豆粉粥

南瓜番茄湯

加熱即可享受剛煮好的美味

10倍粥

材料 Ⓐ10倍粥

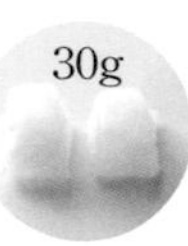

作法

❶ 在10倍粥中加1小匙水，蓋上保鮮膜以微波爐加熱40秒～1分鐘。

配合寶寶喜好，也可以跟粥拌在一起

南瓜白肉魚泥

材料 Ⓑ南瓜 Ⓓ白肉魚

作法

❶ 在南瓜與白肉魚上加2小匙水，蓋上保鮮膜以微波爐加熱30～40秒，再攪拌至綿滑狀。

令人驚喜的香味，讓寶寶食慾大開

黃豆粉粥

材料 Ⓐ10倍粥

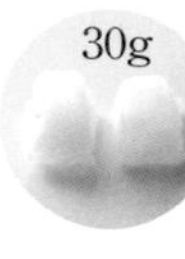

＋ ● 少許黃豆粉

作法

❶ 在10倍粥中加1小匙水，蓋上保鮮膜微波加熱40秒～1分鐘後，加入黃豆粉攪拌。

甜味與酸味的最佳平衡

南瓜番茄湯

材料 Ⓑ南瓜

＋ ● 番茄 半圓形1小塊

作法

❶ 在南瓜上加1小匙水，蓋上保鮮膜以微波爐加熱30～40秒，加入配方奶攪拌。

❷ 番茄去籽，用湯匙挖出果肉5g磨碎，再加入作法 ❶ 中。

Thursday
星期四

令大人驚訝的「拌香蕉」很受寶寶歡迎

菠菜拌香蕉

南瓜高湯泥

Friday
星期五

菠菜豆乳粥

香蕉讓蔬菜怪味消失變出甜味

菠菜拌香蕉

材料 C 菠菜 

＋ ● 香蕉 10g（1/10小根）

作法

❶ 冷凍菠菜直接磨泥5g（1小匙），蓋上保鮮膜以微波爐加熱20秒。

❷ 將香蕉磨泥加入作法❶ 攪拌。

加入高湯的鮮味作成和風口味

南瓜高湯泥

材料 B 南瓜 

＋ ● 高湯1小匙

作法

❶ 將高湯加在南瓜上蓋上保鮮膜，以微波爐加熱30～40秒。

豆乳的溫和濃郁
讓寶寶不喜歡的青菜也變得順口

菠菜豆乳粥

材料 A 10倍粥 C 菠菜

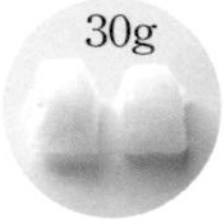

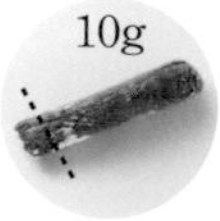

＋ ＋ ● 豆乳 1小匙

作法

❶ 在10倍粥中加入豆乳蓋上保鮮膜，以微波爐加熱40秒～1分鐘。

❷ 將冷凍菠菜直接磨泥10g（2小匙），蓋上保鮮膜以微波爐加熱20秒，倒入作法 ❶。

Memo

豆乳是好用的蛋白質來源食品

豆乳跟豆腐一樣，是以黃豆為原料的優質蛋白質來源食品。口感滑順味道溫和，要攪拌較乾燥的食材，或想讓味道多些變化時相當好用。從吞食期開始就可以添加。

5~6個月左右／吞食期第4週

開始冷凍一星期的食材

改變蔬菜或魚的種類，增加多樣性

寶寶可以開始挑戰綠花椰菜或魩仔魚乾等，口感些許乾澀的食材。基本上要調理得讓口感滑順，但可以慢慢減少水分，從黏稠狀到醬狀，讓寶寶漸漸習慣。副食品進展順利的話，過了6個月之後就可以開始添加麵包粥了。

只要準備這些食材，星期一到五的份量就解決了

10倍粥
寶寶習慣後調理成些微偏醬狀

水500ml
米1/4杯

將米1/4杯（50ml）及水500ml放入電鍋，選擇「粥」模式來煮。煮好後過濾。

30g X 15~16份

倒入製冰盒中冷凍。照片中的製冰盒是每小塊15g（1大匙），每餐用2塊(30g)。

紅蘿蔔
水煮後冷凍
→磨泥較輕鬆

50g（1/2小根）

去皮縱切兩半，用冷水煮至軟。

約5份

用保鮮膜包好冷凍，使用時取出所需量直接磨泥。

綠花椰菜
煮久一點
直到軟趴趴

以滾水煮5分鐘左右，細細磨碎。

10g X 5份

分成5等分(每份10g)各放在保鮮膜上，包成扁平狀冷凍。

吞食期的寶寶只能吃花蕾部份。秘訣是必須煮得夠軟，這樣磨碎時也比較輕鬆！

魩仔魚乾
給寶寶吃要
過熱水去鹽分

魚乾放在濾網上均勻倒下滾水將鹽分去除，徹底過濾掉水分。

30g（6大匙）

分成6等分（每份5g）各放在保鮮膜上，包成扁平狀冷凍。

與家中既有食材搭配

- **麵包**　選擇單純的吐司，首先將吐司邊切除。
- **馬鈴薯**　薯類富含澱粉質，也可作為副食品的主食。
- **番茄**　不須加熱的食材。「全熟」時甜味較強較理想。
- **蘋果**　生蘋果口感清脆，不適合寶寶吞嚥，所以要磨泥後加熱。
- **豆腐**　容易調理成黏稠狀的嫩豆腐最適合，隨時準備最方便！
- **配方奶**　用來代替牛奶，也可用豆乳替代。
- **豆乳**　搭配蔬菜即可做出口感溫和的湯。
- **高湯**　（參照P.37）
- **太白粉**

Monday
星期一

加熱後
馬上完成一餐！

紅蘿蔔豆腐

番茄魩仔魚粥

搭配豆腐泥口感絕佳

紅蘿蔔豆腐

材料

B 紅蘿蔔 

＋ ● 豆腐20g（2cm方塊2塊）

作法

❶ 將冷凍紅蘿蔔直接磨成10g（2小匙）的泥。

❷ 將豆腐加入作法 ❶ 中蓋上保鮮膜以微波爐加熱30～40秒，然後邊磨邊攪拌。

酸甜番茄增添不同美味

番茄魩仔魚粥

材料

A 10倍粥　D 魩仔魚乾

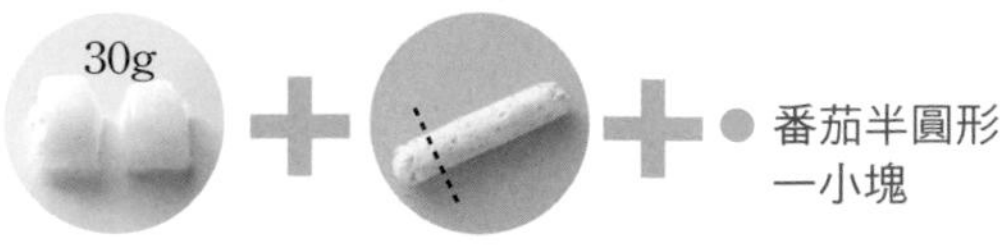

＋ ● 番茄半圓形一小塊

作法

❶ 將冷凍魩仔魚乾直接磨5g（1小匙）的泥。

❷ 在10倍粥中加入作法 ❶ 與1小匙水，蓋上保鮮膜以微波爐加熱40秒～1分鐘後攪拌。

❸ 番茄去籽，用湯匙挖出果肉10g（2小匙）磨碎，再倒在作法 ❷ 上面。

Tuesday
星期二

紅蘿蔔粥

魩仔魚湯
煮綠花椰菜

味甜顏色又漂亮，寶寶看了超開心

紅蘿蔔粥

材料 A 10倍粥 30g

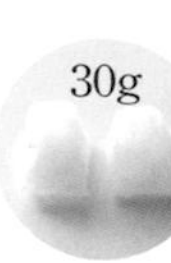

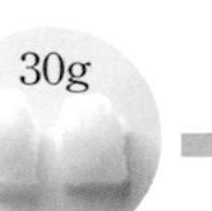

＋ B 紅蘿蔔 10g

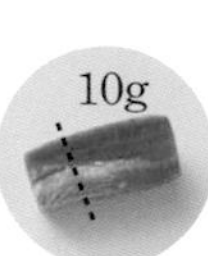

作法

❶ 將冷凍紅蘿蔔直接磨10g（2小匙）的泥。

❷ 將作法 ❶ 加在10倍粥中蓋上保鮮膜，以微波爐加熱40秒～1分鐘後攪拌。

能讓寶寶充分享受魚肉美味的和風小菜

魩仔魚湯煮綠花椰菜

材料 C 綠花椰菜 10g

＋ D 魩仔魚乾 10g

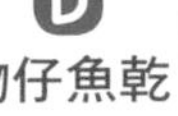

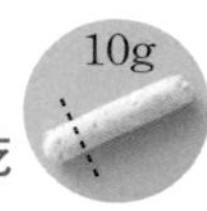

＋ ● 高湯2小匙 ● 太白粉少許

作法

❶ 將高湯跟太白粉充分攪拌。

❷ 將冷凍魩仔魚乾直接磨5g（1小匙）的泥。將 ❶ 加入綠花椰菜與魩仔魚乾，蓋上保鮮膜以微波爐加熱30～40秒後攪拌。

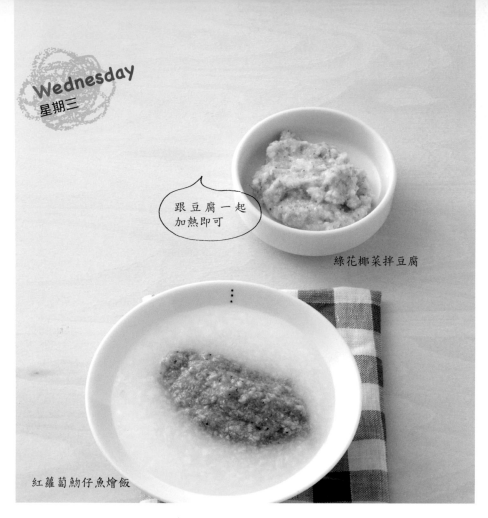

Wednesday
星期三

跟豆腐一起
加熱即可

綠花椰菜拌豆腐

紅蘿蔔魩仔魚燴飯

用綿滑的豆腐消除食材顆粒的口感

綠花椰菜拌豆腐

材料 C 綠花椰菜

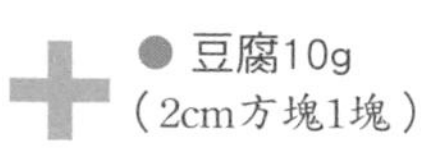

● 豆腐10g（2cm方塊1塊）

作法

❶ 將豆腐磨碎加入綠花椰菜，蓋上保鮮膜以微波爐加熱30～40秒後攪拌。

紅蘿蔔讓魚腥味消失變甜

紅蘿蔔魩仔魚燴飯

材料 A 10倍粥 B 紅蘿蔔 D 魩仔魚乾

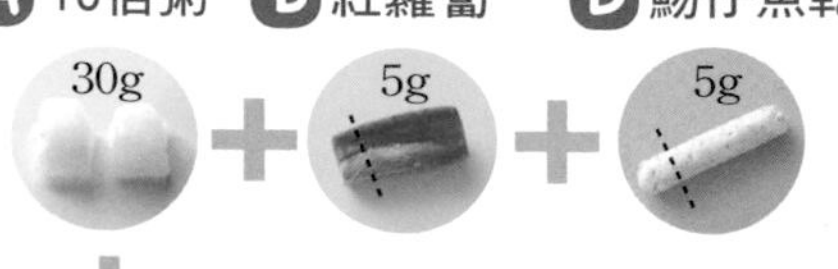

＋ ● 太白粉少許

作法

❶ 將1小匙水加入10倍粥，蓋上保鮮膜以微波爐加熱40秒～1分鐘。

❷ 將紅蘿蔔、冷凍魩仔魚乾直接磨5g（1小匙）的泥，加入1大匙水與太白粉攪拌。蓋上保鮮膜以微波爐加熱30～40秒後攪拌倒在作法 ❶ 上面。

醬狀副菜要搭配湯

紅蘿蔔豆乳湯

材料 B 紅蘿蔔 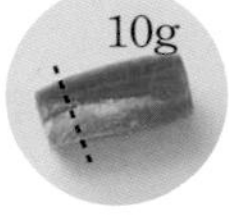 10g ＋ ● 豆乳2大匙

作法

❶ 將冷凍紅蘿蔔直接磨10g（2小匙）的泥。

❷ 將豆乳加入作法 ❶ 中，不蓋保鮮膜以微波爐加熱30～40秒後攪拌。

以高湯的量來調節軟硬度，更方便入口

綠花椰菜馬鈴薯泥

材料 C 綠花椰菜  10g ＋ ● 馬鈴薯10g ● 高湯2小匙

作法

❶ 將馬鈴薯50g（中1/3個）連皮用保鮮膜包好，入微波爐加熱1分30秒。剝皮取10g（2小匙）加入高湯壓碎（多餘的馬鈴薯可給大人吃）。

❷ 綠花椰菜蓋上保鮮膜，以微波爐加熱30～40秒，與作法 ❶ 攪拌。

以寶寶習慣的配方奶調味，挑戰麵包粥

綠花椰菜番茄麵包粥

材料 C 綠花椰菜 30g ＋ ● 吐司10g（8片切的去邊1/3片） ● 番茄半圓形1小塊 ● 用熱水沖泡的配方奶1/4杯

作法

❶ 番茄去籽，用湯匙挖出果肉。

❷ 將吐司撕成小塊放入較大的耐熱容器中，加入綠花椰菜、配方奶，以及5g（1小匙）的作法 ❶ ，蓋上保鮮膜以微波爐加熱1分30秒，然後磨碎。

以高湯的量來調節方便入口的硬度

蘋果泥

材料 ● 蘋果10g ● 太白粉 少許

作法

❶ 將蘋果磨泥，加入太白粉與1小匙水攪拌。蓋上保鮮膜，以微波爐加熱30秒後攪拌。

\7~8個月左右/

擠食期

透過飲食來確立生活規律

副食品一天兩次

寶寶可以吃的食材大幅增加！如何節省工夫變得重要

如果已經很會吞嚥，吃的量也不少，就表示寶寶已經進入擠食期了！嫩雞胸肉、蛋黃、紅肉魚等寶寶可以吃的蛋白質來源食材大幅增加，菜色的變化也因此增多。但另一方面，一天變為兩餐，也讓媽媽準備副食品變得更辛苦。預備可以馬上使用的冷凍食材，媽媽一定也安心不少。請媽媽們聰明地節省工夫，做出充滿愛的副食品吧！

張開嘴巴自己吸進食物 對寶寶而言已是易如反掌

寶寶自己張開嘴巴時，就把湯匙呈水平放在下唇上，上唇閉起時就把湯匙抽出。要配合寶寶嘴巴自然的動作。

一匙一匙慢慢餵

注意每一口間隔不要太快。等寶寶閉著嘴上下咀嚼幾秒，吞嚥下去之後，再給寶寶下一匙。

要在哪裡吃呢？

寶寶可以伸直身體坐穩的話，就讓寶寶坐在椅子上比較容易餵食。請為寶寶選擇安定性足夠的椅子。

- 讓寶寶坐著，手可以自由活動

  基本上媽媽餵寶寶吃，但如果寶寶對湯匙有興趣的話就讓寶寶拿拿看。

- 腳掌可以出力

  腳不要騰空，讓寶寶能夠把腳放在地板或是補助板上，下巴跟舌頭才能使力。

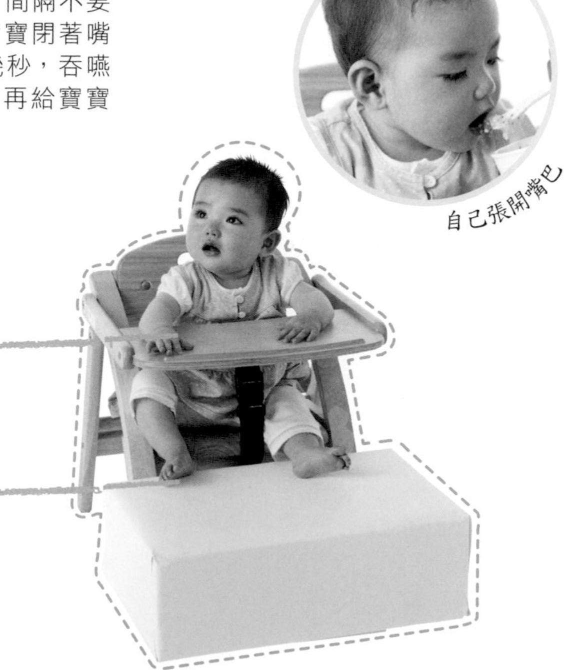

寶寶的舌頭不只前後，
也能上下動
可用舌頭與上顎咀嚼壓碎食物

調理成能以舌頭跟上顎輕鬆壓碎
如豆腐般的硬度！

食材要調理成有如豆腐般，鬆鬆軟軟的硬度，以大拇指跟食指捏起，不須用力也可以輕易壓碎。蔬菜也必須從果醬狀開始，慢慢增加其中塊狀物的比例。

該什麼時間給寶寶吃呢？

・將2次餵奶時間改爲副食品時間
・2餐要間隔4小時以上

在吞食期後半已經增為兩次餵食副食品，可選在同樣時間即可。每天兩次的副食品中間需間隔4小時以上，且固定同樣時間餵食較理想。寶寶飲食規律後，就能形成「空腹→吃得多」的良性循環。

寶寶進食作息表 Schedule

早上	母乳／配方奶
中午前	副食品＋母乳／配方奶
中午	母乳／配方奶
下午	母乳／配方奶
黃昏	副食品＋母乳／配方奶
睡前	母乳／配方奶

擠食期的冷凍處理方法

切成碎粒

將加熱到軟的食材切成2～3mm的方塊。有纖維的蔬菜則縱橫切。

細細磨碎

蔬菜用水煮到只殘留些許粒狀物，嫩雞胸肉跟魚要仔細將纖維弄散。

一餐份的形狀與硬度

米(粥)、紅蘿蔔、哈密瓜、豆腐大比較

前半

米

7～5倍粥

擠食期從7倍粥開始，之後再觀察寶寶的情形，以米1：水5的比例煮5倍粥。兩者給寶寶吃的量都是50g。

紅蘿蔔

蔬菜湯煮紅蘿蔔

將紅蘿蔔15g煮到軟後切成2mm方塊，加入高湯至淹蓋住紅蘿蔔燉煮。

哈密瓜

哈密瓜粒

將熟透的哈密瓜果肉5g切成2mm方塊。

豆腐

高湯煮豆腐

將嫩豆腐30g切成2mm方塊，加入高湯至蓋住豆腐煮開。也可加極少量的鹽或醬油。

擠食期副食品適當的量是多少？

- 熱量來源食品……
  5倍粥50g→80g
- 維生素、礦物質來源食品……
  蔬菜＋水果20g→30g
- 蛋白質來源食品……
  豆腐30g→40g
  （魚或肉的話為10g→15g）

參考量僅供參考，請配合寶寶的食慾來調節食量。不過會對身體造成負擔的蛋白質來源食品還是不能夠超過參考量。假設一餐中有「魚＋豆腐」兩種以上的蛋白質時，必須將這兩樣的量減到對半，不要讓寶寶攝取過量。

後半

米

5倍粥

以米1：水5的比例煮，給寶寶吃的量為80g。

紅蘿蔔

蔬菜湯煮紅蘿蔔

將紅蘿蔔20g煮到軟後切成3mm方塊，加入高湯至淹蓋住紅蘿蔔燉煮。

哈密瓜

哈密瓜粒

將熟透的哈密瓜果肉10g切成3mm方塊。

豆腐

高湯煮豆腐

將嫩豆腐40g切成3mm方塊，加入高湯至蓋住豆腐煮開。也可加極少量的鹽或醬油。

P.58

可以進入咬食期了！

- ☑可以動嘴吃如豆腐般的軟塊狀物。
- ☑吃薄香蕉切片時，寶寶會出現類似用牙床咬斷的動作。
- ☑一餐全部的量可以吃到兒童用碗差不多一碗左右的量
- ☑每個寶寶食量大有不同，就算食量小，只要寶寶照著自己的步驟順利進行即可。

7~8個月左右 擠食期第1週

一開始菜色以軟粥為主較安心

一開始進入擠食期，設定一餐為與吞食期相近，口感綿滑的菜色，寶寶也會比較安心。主食的軟粥可準備多量存放於冷凍庫中。黃豆製品部分，可以開始吃納豆。納豆可以直接冷凍，處理起來也輕鬆！

只要準備這些食材，星期一到五的份量就解決了

要包成小籠包狀時，可以先把保鮮膜鋪在小容器中再倒入粥。這樣就不會漏出來。

7倍粥
不須再過濾！只須分裝即可

米1/4杯　水350ml

將米1/4杯（50ml）及水350ml放入電鍋，選擇「粥」模式來煮。

50g X 6~7份

分成各50g（比3大匙稍多）裝入分裝容器，或用保鮮膜包成小籠包狀冷凍。

南瓜
用保鮮膜包好壓碎成扁平狀

連皮100g

不去皮直接用保鮮膜包起，以微波爐加熱2分鐘再去皮。

約10g X 8份

分成8等分（每份10g）各放在保鮮膜上，用手指壓扁包好冷凍。

菠菜
只使用葉片部分，縱橫切碎

100g（1/2小把）

用滾水煮至軟，過冷水後去除水分將葉片部份切碎。

10g X 6份

分成6等分（每份10g）各放在保鮮膜上，包成扁平狀冷凍。

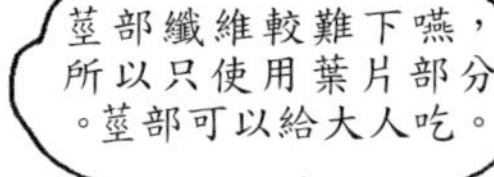

莖部纖維較難下嚥，所以只使用葉片部分。莖部可以給大人吃。

D 白肉魚（鯛魚）
加入太白粉防止乾澀口感

30g（生魚片3片）

將1/4小匙的太白粉撒在魚片上，加上1大匙水，以微波爐加熱40秒～1分鐘後磨碎。

10g X 3份

分成3等分（每份10g）各放在保鮮膜上，包成扁平狀冷凍。

碎粒納豆
選擇不須切碎的碎粒納豆較輕鬆

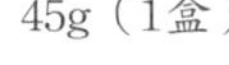
45g（1盒）

不需要特別處理！

10~12g X 4份

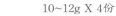

分成4等分（每份10~12g）各放在保鮮膜上，包成扁平狀冷凍。

如果是普通的粒狀納豆，可以把空牛奶盒打開在上面切，就不會被弄髒砧板。

與家中既有食材搭配

- 玉米片　要選擇沒有加砂糖的原味玉米片。放進袋子裡用指尖壓碎。
- 番茄　其酸味與甜味可代替調味料使用！要將籽跟皮去掉。
- 香蕉　少量的話就屬於水果而非主食。用於增加甜味很方便。
- 草莓　容易壓碎，適合當作副食品的水果。遇盛產季節時一定要嚐嚐看！
- 牛奶　從擠食期開始可以用於料理中。作為飲用品要等到1歲以上。
- 原味優格　容易消化吸收，可從擠食期開始攝取。
- 披薩用起司　含較多鹽分跟脂肪，所以份量須控制在少許。
- 柴魚　完成時添加可增加鮮味，相當方便。
- 高湯　（參照P.37）
- 太白粉
- 醬油
- 橄欖油

加熱後 馬上完成一餐！

牛奶起司煮菠菜

玉米片粥

濃郁且充滿奶香 青菜也可以好順口

牛奶起司煮菠菜

材料 C 菠菜

- 牛奶 1大匙
- 披薩用起司 1小匙
- 太白粉 少許

作法

❶ 將牛奶與太白粉充分攪拌。

❷ 將作法 ❶ 加入菠菜中，放上起司蓋上保鮮膜，以微波爐加熱30～40秒後攪拌。

家有存貨隨時可作相當方便

玉米片粥

材料　● 玉米片 10g（1/4杯）　● 牛奶 3大匙

作法

❶ 將玉米片用手細細壓碎，加入牛奶，不蓋保鮮膜以微波爐加熱30～40秒。

Tuesday
星期二

南瓜白肉魚燴飯

番茄優格湯

照喜好拌著吃有如咖哩飯

南瓜白肉魚燴飯

材料 A 7倍粥 B 南瓜 D 白肉魚

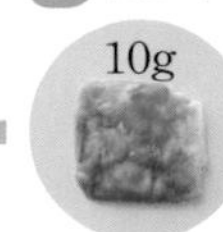

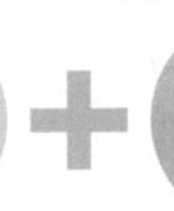

作法

1. 在7倍粥中加1小匙水，蓋上保鮮膜以微波爐加熱1分30秒。
2. 在南瓜與白肉魚上加2小匙水，蓋上保鮮膜以微波爐加熱30～40秒，攪拌後加在作法 ❶ 旁。

溫和清淡且具整腸作用

番茄優格湯

材料
- 番茄 半圓形1小塊
- 原味優格 1大匙
- 橄欖油 少許

作法

1. 番茄去籽，用湯匙挖出果肉磨碎，取10g（2小匙）加入優格攪拌，滴上橄欖油。

Wednesday
星期三

總覺得少一
味時 柴魚就
是好幫手

番茄柴魚粥

菠菜拌納豆

味道清爽忍不住一口接一口

番茄柴魚粥

材料  7倍粥 ＋ ● 番茄 半圓形1小塊 ● 柴魚少許

作法

❶ 在7倍粥中加1小匙水，蓋上保鮮膜以微波爐加熱1分30秒。

❷ 番茄去籽，用湯匙挖出果肉切碎，取5g（1小匙）加入作法 ❶ 中攪拌，放上柴魚。

第一次吃納豆 徹底加熱才安心

菠菜拌納豆

材料 Ⓒ 菠菜 ＋ Ⓔ 納豆 ＋ 醬油1滴

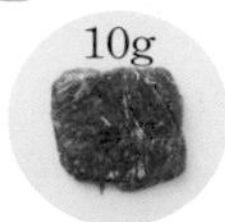

作法

❶ 將菠菜、納豆加在一起蓋上保鮮膜，以微波爐加熱30～40秒，滴上醬油攪拌。

Thursday
星期四

南瓜白肉魚燴飯

番茄優格湯

最適合練習咀嚼的組合

南瓜拌納豆

材料 B 南瓜 + E 納豆

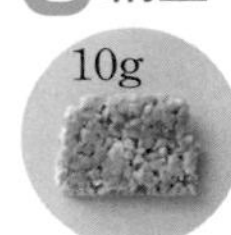

作法

1. 將1小匙水加在南瓜上蓋上保鮮膜，以微波爐加熱30～40秒。
2. 將納豆蓋上保鮮膜，以微波爐加熱30～40秒，倒在 ❶ 上。

亞州甜點風味

水果粥

材料 A 7倍粥

● 香蕉、草莓共10g

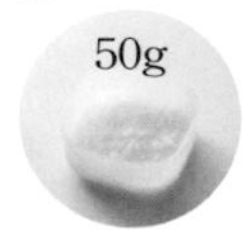

作法

1. 將香蕉、草莓細細切碎。
2. 在7倍粥中加入作法 ❶ 蓋上保鮮膜，以微波爐加熱1分30秒。

菠菜燴白肉魚

Friday
星期五

高湯＋太白粉即是和風勾芡料理，蔬菜湯＋太白粉即是湯煮料理

南瓜粥

加熱同時勾芡高湯

菠菜燴白肉魚

材料 Ⓐ 菠菜 ＋ Ⓓ 白肉魚

10g

10g

- 高湯1大匙
- 太白粉1/4小匙

作法

❶ 將高湯與太白粉充分攪拌。

❷ 將 ❶ 加入菠菜與白肉魚中，蓋上保鮮膜以微波爐加熱30～40秒後攪拌。

黏稠甘甜「絕不會失敗」的招牌菜

南瓜粥

材料 
Ⓐ 7倍粥 ＋ Ⓑ 南瓜

50g

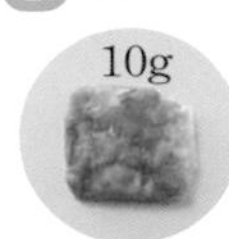
10g

作法

❶ 將1小匙水加在7倍粥與南瓜中，蓋上保鮮膜以微波爐加熱1分30秒後攪拌。

7~8個月左右 擠食期第2週

加入嫩雞胸肉、紅肉魚增加變化

從擠食期開始，寶寶能吃的蛋白質來源食材大幅增加。第2週會開始冷凍低脂又軟的嫩雞胸肉，以及不添加食鹽與油的鮪魚。將這些食材加入菜色時，必須遵守參考量以免對寶寶身體造成負擔。

只要準備這些食材，星期一到五的份量就解決了

7倍粥
前半期使用較軟的7倍粥

水350ml 米1/4杯

50g X 6~7份

將米1/4杯（50ml）及水350ml放入電鍋，選擇「粥」模式來煮。

分成各50g（比3大匙稍多）裝入分裝容器，或用保鮮膜包成小籠包狀冷凍。

番茄
生鮮冷凍→使用時加熱

120g（1小個）

約10g X 8份

連皮對半橫切去籽，再將兩個半塊切成4等分。

放進冷凍密封袋中冷凍。要使用時泡水去皮。

高麗菜
將纖維細細切碎

50g（1中個）

10g X 5份

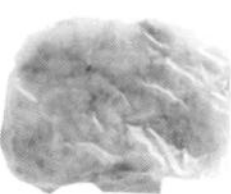

去除芯跟較粗的莖脈部分，加水2大匙蓋上保鮮膜，以微波爐加熱5分鐘，將水分濾除，切成碎粒。

分成5等分（每份10g）各放在保鮮膜上，包成扁平狀冷凍。

嫩雞胸肉
斜切片好弄碎

50g（1條）

10g X 5份

斜切片撒上太白粉1/2小匙，加上水1大匙，蓋上保鮮膜以微波爐加熱40秒～1分鐘後細細弄碎。

分成5等分（每份10g）各放在保鮮膜上，包成扁平狀冷凍。

鮪魚
將富含鮮味的湯汁也一起冷凍

80g（1罐）

10g X 8份

鮪魚也可以一次冷凍1/2罐（4份）多餘的可以做大人的沙拉或三明治。

要選擇水煮（不含食鹽與油）鮪魚罐頭。

分成8等分（每份10g）各用矽膠小杯或保鮮膜分裝冷凍。

與家中既有食材搭配

- **吐司**　用手撕成細細碎塊。吐司邊煮得夠軟的話也可以使用。
- **小黃瓜**　去皮與籽磨泥口感較好。
- **豆腐**　嫩豆腐的硬度在擠食期相當理想。
- **碎粒納豆**　沒有碎粒納豆的話，也可用一般納豆切碎即可。
- **牛奶**　有奶味的燉飯或麵包粥都很受寶寶歡迎！
- **原味優格**　有加糖的不行。要選擇無糖原味的。
- **起司粉**　含較多鹽分跟脂肪，所以分量須控制在少許。
- **柴魚**　用手揉碎，與粥等食材攪拌。
- **高湯**　（參照P.37）
- **蔬菜湯**　（參照P.37）
- **太白粉**
- **砂糖**

Monday
星期一

加熱後
馬上完成一餐！

優格雞肉沙拉

高麗菜粥

番茄與小黃瓜新鮮清涼好口感

優格雞肉沙拉

材料 Ⓑ 番茄 ＋ Ⓓ 嫩雞胸肉 ＋

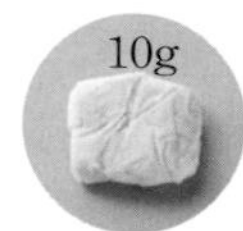

- 小黃瓜10g（1/10根）
- 原味優格 1大匙
- 砂糖 1小搓

作法

1. 番茄泡水去皮。
2. 將作法 ❶ 加入嫩雞胸肉中，蓋上保鮮膜以微波爐加熱30～40秒，磨碎同時攪拌。
3. 小黃瓜去皮與籽磨泥，加上優格、砂糖攪拌後，裝入容器中將作法 ❷ 倒在上面。

為常吃的粥增加甜味與口感

高麗菜粥

材料 Ⓐ 7倍粥 ＋ Ⓒ 高麗菜

作法

1. 將1小匙水加入7倍粥與高麗菜中，蓋上保鮮膜以微波爐加熱1分30秒後攪拌。

Tuesday
星期二

番茄鮪魚豆腐

高湯燴飯

富含鮮味的食材大集合

番茄鮪魚豆腐

材料 
B 番茄 10g ＋ 
E 鮪魚 10g ＋
- 豆腐100g（2cm方塊1塊）
- 太白粉1/4小匙

作法

1. 番茄泡水去皮。
2. 將鮪魚、豆腐與作法 ❶ 撒上太白粉攪拌，蓋上保鮮膜以微波爐加熱40秒～1分鐘，用叉子壓碎攪拌。

些許調味即可做出絕品粥

高湯燴飯

材料 
A 7倍粥 50g ＋ 
- 高湯1大匙
- 太白粉1/2小匙

作法

1. 將高湯、太白粉倒進小鍋攪拌，以較弱的中火煮並攪拌到完全勾芡為止。
2. 在7倍粥中加1小匙水，蓋上保鮮膜以微波爐加熱1分30秒，再把作法 ❶ 倒在上面。

Wednesday
星期三

起司與牛奶從擠食期開始解禁

嫩雞肉蔬菜牛奶燉飯

起司與牛奶從擠食期開始解禁

嫩雞肉蔬菜牛奶燉飯

材料 Ⓐ 7倍粥 ＋ Ⓑ 番茄 ＋ Ⓒ 高麗菜 ＋ Ⓓ 嫩雞胸肉 ＋ ● 牛奶2大匙 ● 起司粉少許

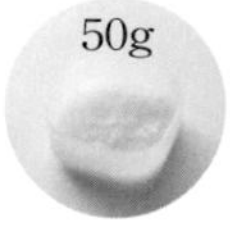
50g

10g

10g

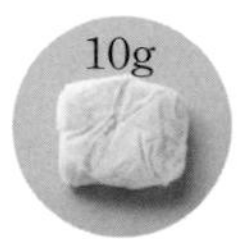
10g

作法

1. 番茄泡水去皮。
2. 將7倍粥、高麗菜、嫩雞胸肉、牛奶跟作法 ❶ 倒入小鍋，開較弱的中火邊煮邊將食材壓碎。煮好後裝入容器，撒上起司粉。

Memo

用高湯或蔬菜湯變換菜色

只要將冷凍的粥與配菜直接丟進鍋中，就是一道營養均衡的好菜。除了牛奶之外，用「高湯」來煮就是和風粥，用「蔬菜湯」來煮就是清爽的燉飯。媽媽可以依照喜好與心情來搭配看看。

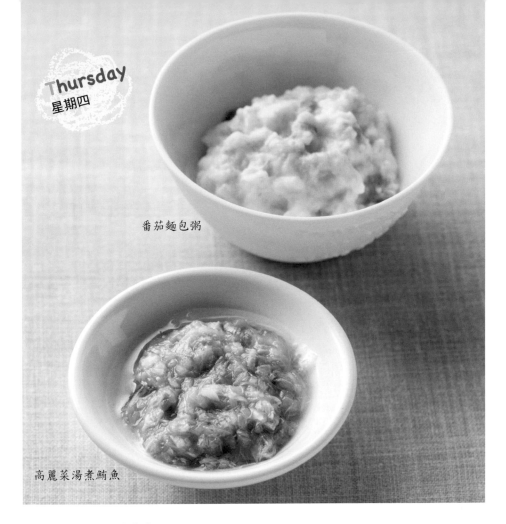

Thursday
星期四

番茄麵包粥

高麗菜湯煮鮪魚

濃郁麵包粥加入番茄變清爽

番茄麵包粥

材料 B 番茄 ＋

10g

- 豆吐司15g（8片切的1/3片）
- 牛奶3大匙

作法

1. 番茄泡水去皮。
2. 將撕成小塊的吐司、牛奶及作法❶放入小鍋中，以較弱的中火邊煮邊壓碎番茄。

太白粉將纖維質集合起來

高麗菜煮鮪魚

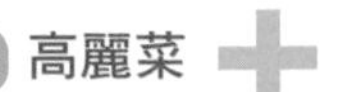

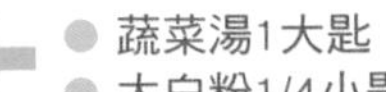

材料 C 高麗菜 ＋ E 鮪魚 ＋

10g

10g

- 蔬菜湯1大匙
- 太白粉1/4小匙

作法

1. 將蔬菜湯與太白粉充分攪拌。
2. 將作法❶加入高麗菜與鮪魚蓋上保鮮膜，以微波爐加熱40秒～1分鐘後攪拌。

Friday
星期五

高麗菜拌納豆

柴魚粥

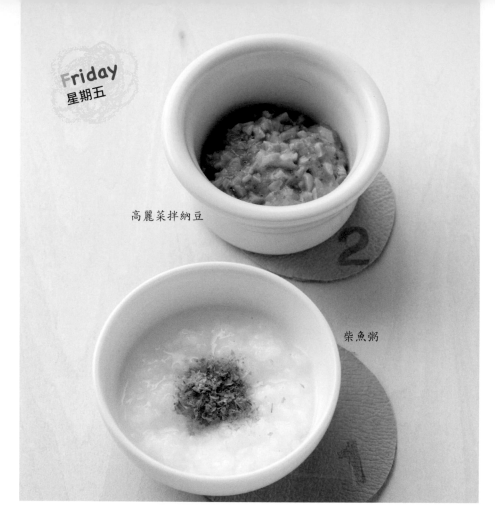

納豆黏性讓葉類蔬菜更順口

高麗菜拌納豆

材料 C 高麗菜 ＋ ● 碎粒納豆10g（2小匙）

10g

作法

1. 高麗菜蓋上保鮮膜，以微波爐加熱30～40秒，加入納豆攪拌。

添加風味的好幫手

柴魚粥

材料 A 7倍粥 ＋ ● 柴魚少許

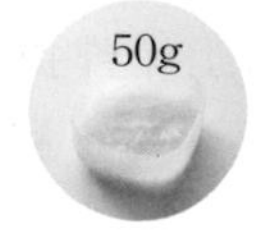

50g

作法

1. 7倍粥加1小匙水，蓋上保鮮膜以微波爐加熱1分30秒，再撒上柴魚。

7~8個月左右 擠食期第3週

主食增加烏龍麵！蛋黃量須慢慢增加

寶寶擠食期用舌頭壓碎食物的技巧成熟之後，就可以挑戰煮軟的烏龍麵了！袋裝烏龍麵相當方便。搭配加入4種蔬菜的義式蔬菜湯以及蛋黃，做出色彩豐富又營養均衡的副食品吧！

只要準備這些食材，星期一到五的份量就解決了

熟烏龍麵
先切再煮
不費工夫

200g（1小袋）

50g X 4份

熟烏龍麵先切再用滾水煮，也可以有殺菌效果。這樣烏龍麵也會散開，分裝時就很方便。

切碎之後用滾水煮軟，用濾網將水分去除。

分成4等分（每份50g）各裝入分裝容器，或放在保鮮膜上包成扁平狀冷凍。

義式蔬菜湯
根莖類蔬菜
煮過後再
壓碎較輕鬆

洋蔥30g
高麗菜30g
馬鈴薯50g
紅蘿蔔50g

8份

將洋蔥、高麗菜切碎，馬鈴薯、紅蘿蔔切成薄1/4圓片，加2杯水蓋上鍋蓋煮20～30分鐘。

將馬鈴薯與紅蘿蔔壓碎，蔬菜與湯汁分8等分各裝入分裝容器冷凍。

甜椒
去皮微波加熱
更甜！

50g（1/4個）

10g X 5份

用削皮器去皮用保鮮膜包好，以微波爐加熱3分鐘後切碎。

分成5等分（每份10g）各放在保鮮膜上，包成扁平狀冷凍。

魩仔魚乾
去鹽分後
磨碎或切碎

50g

10g X 5份

魚乾放入濾網均勻倒下滾水以去除鹽分。濾去水分後磨碎。

分成5等分（每份10g）各放在保鮮膜上，包成扁平狀冷凍。

蛋黃

從全熟
水煮蛋中
取出蛋黃

全熟水煮蛋蛋黃一個

5g X 4份

將蛋煮至全熟，取出蛋黃，用保鮮膜夾住壓碎。

用把蛋黃壓碎的保鮮膜直接包成扁平狀冷凍。使用時每次取出1/4的量(5g)。

與家中既有食材搭配

- **5倍粥** 擠食期進行得順利的話，可以將7倍粥改為米1：水5的5倍粥。
- **南瓜** 建議一次加熱50~100g，多餘的大人吃即可。
- **高麗菜** 切碎徹底煮軟。也可以白蘿蔔或其他既有的蔬菜代替。
- **小黃瓜** 加在沙拉裡面可增添清爽風味！
- **番茄汁** 副食品用的要選擇無鹽番茄汁。可用於番茄口味的湯等料理。
- **原味優格** 口味溫和口感也很適合擠食期！
- **蒸黃豆** 加水放微波爐加熱，即可輕鬆去皮。
- **高湯** （參照P.37）
- **太白粉**

加熱後
馬上完成一餐！

義式蔬菜湯烏龍麵

快速完成且可同時攝取多種蔬菜！

蔬菜湯烏龍麵

材料 A 熟烏龍麵 ＋ B 義式蔬菜湯 ＋ D 魩仔魚乾

50g

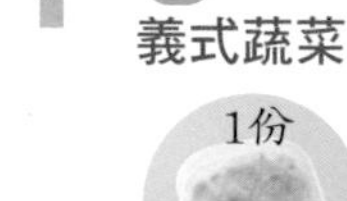

1份

10g

作法

❶ 將熟烏龍麵、義式蔬菜湯、魩仔魚乾一起蓋上保鮮膜，以微波爐加熱2分30秒～3分鐘後攪拌。（亦可放入鍋中烹煮加熱）

Memo

義式蔬菜湯的湯汁也可以活用！

義式蔬菜湯的湯汁中富含營養與鮮味，跟食材一起冷凍，製作副食品時就可以連湯汁一起活用。搭配烏龍麵跟粥，就可以立刻完成「湯煮烏龍麵」與「湯煮粥」！

Tuesday
星期二

寶寶馬鈴薯沙拉

用去水分優格做出與平時不同的料理

義式蛋黃烏龍麵

用優格攪拌義式蔬菜湯的蔬菜

寶寶馬鈴薯沙拉

材料 B 義式蔬菜湯  ● 原味優格1/2大匙

作法

1. 將義式蔬菜湯蓋上保鮮膜，以微波爐加熱1分30秒～2分鐘，將蔬菜跟湯分開(湯拿去煮烏龍麵)。
2. 把優格放在烹調用廚房紙巾上去除多餘水分，與作法 ❶ 的蔬菜攪拌。

湯汁拿來煮烏龍麵！加入蛋黃口味溫和濃郁

義式蛋黃烏龍麵

材料 A 熟烏龍麵 B 義式蔬菜湯 E 蛋黃

作法

1. 將義式蔬菜湯的湯汁跟蛋黃加在熟烏龍麵中，蓋上保鮮膜以微波爐加熱1分30秒～2分鐘後攪拌。(亦可放入鍋中烹煮加熱)

Wednesday
星期三

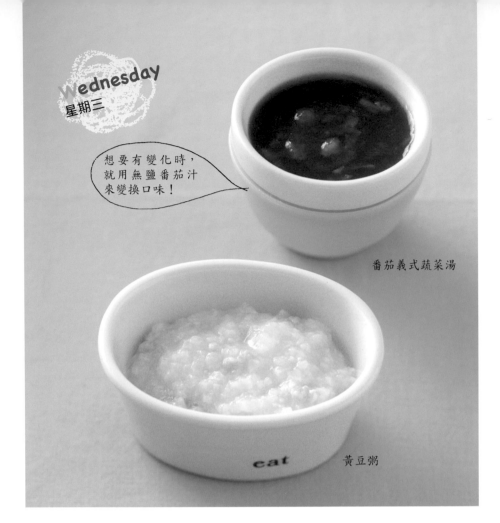

想要有變化時，
就用無鹽番茄汁
來變換口味！

番茄義式蔬菜湯

黃豆粥

添加濃厚番茄味，義式蔬菜湯形象大轉變！

番茄義式蔬菜湯

材料 B 義式蔬菜湯

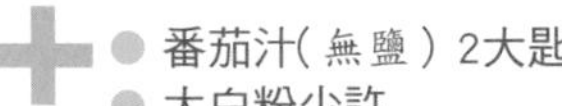
- 番茄汁(無鹽) 2大匙
- 太白粉少許

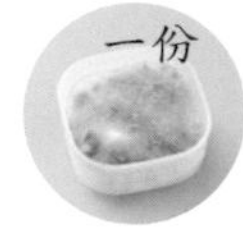

作法

1. 將番茄汁跟太白粉充分攪拌。
2. 將作法 ❶ 加入義式蔬菜湯中，不蓋保鮮膜以微波爐加熱2分鐘後攪拌。（亦可放入鍋中烹煮加熱）

細細品嚐黃豆的樸實甜味

黃豆粥

材料
- 5倍粥 50～80g
- 蒸黃豆10g

作法

1. 將2大匙水加入蒸黃豆中，蓋上保鮮膜以微波爐加熱1分30秒。剝去薄皮後壓碎，與5倍粥攪拌。

Thursday
星期四

小黃瓜米摩薩沙拉

甜椒粥

有如花圃景色 味道與外觀皆清爽

小黃瓜米摩薩沙拉

材料   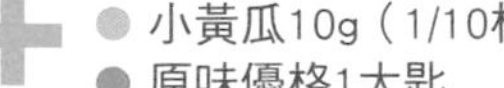

- 小黃瓜10g（1/10根）
- 原味優格1大匙

5g

作法

❶ 用保鮮膜蓋在蛋黃上以微波爐加熱30秒。

❷ 小黃瓜去皮與籽磨泥。把優格放在烹調用廚房紙巾上去除多餘水分，混合小黃瓜與優格，邊過濾作法 ❶ 邊加進去。

水嫩甜椒甘味 寶寶也感到新鮮

甜椒粥

材料 C 甜椒 

- 5倍粥50～80g

10g

作法

❶ 5倍粥中加入甜椒、2小匙水，蓋上保鮮膜以微波爐加熱1分30秒後攪拌。（可放入電鍋外鍋加1杯水加熱）

Friday
星期五

魩仔魚高麗菜烏龍麵

南瓜用微波爐一次加熱50~100g較有效率！

甜椒南瓜泥

味道清爽又健康 寶寶一口接一口

魩仔魚高麗菜烏龍麵

材料 A 熟烏龍麵 + D 魩仔魚乾 + ● 高麗菜10g（中1/5顆）● 高湯1大匙

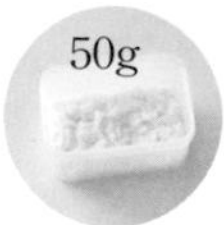

50g

10g

作法

1. 高麗菜切成稍大碎粒，加上高湯，蓋上保鮮膜以微波爐加熱1分30秒。
2. 將烏龍麵、魩仔魚乾加入作法 ❶ ，蓋上保鮮膜以微波爐加熱1分30秒～2分鐘後攪拌。（亦可放入鍋中烹煮加熱）

雙重蔬菜甜味讓美味倍增！

甜椒南瓜泥

材料 C 甜椒 + ● 南瓜10g

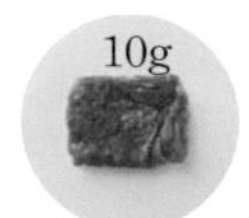

10g

作法

1. 將連皮南瓜50g用保鮮膜包好以微波爐加熱1分30秒，再用湯匙挖出約10g（2小匙）加入1小匙水攪拌（多餘的南瓜給大人吃）。
2. 甜椒蓋上保鮮膜以微波爐加熱30～40秒後與作法 ❶ 攪拌。（可利用電鍋烹調）

7~8個月左右 擠食期第4週

增添粥的調味變化，不讓寶寶吃膩！

主食基本上5倍粥，但在這個時期後半，愈來愈多寶寶不願意吃沒有調味的粥，所以媽媽可以把粥跟魚或蔬菜搭配，或是勾芡，撒上海苔或黃豆粉等，多花一些巧思，寶寶就會願意動口且不會吃膩。

只要準備這些食材，星期一到五的份量就解決了

5倍粥
加入5倍的水
按下按鍵即可

水1L　米1杯

將米1杯（200ml）及水1L放入電鍋，選擇「粥」模式來煮。

80g X 13~14份

分成各80g裝入分裝容器，或用保鮮膜包好冷凍。

紅蘿蔔
切成圓片
水煮效率高

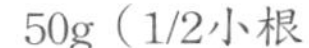

50g（1/2小根）

去皮切成5mm厚的圓片狀，用冷水煮至軟。細細磨碎或切成碎粒。

10g X 5份

分成5等分（每份10g）各放在保鮮膜上，包成扁平狀冷凍。

切成圓片的紅蘿蔔要煮到可以用手指壓碎的軟度。用保鮮膜夾起來壓碎，就可以直接包起來冷凍！

綠花椰菜
只須煮軟花蕾
尖端部份

花蕾部份50g

以滾水煮5分鐘左右後細細磨碎。

10g X 5份

分成5等分（每份10g）各放在保鮮膜上，包成扁平狀冷凍。

嫩雞胸肉
加入太白粉
增添鬆軟口感

50g（1條）

斜切片撒上太白粉1/2小匙，加上水1大匙，蓋上保鮮膜以微波爐加熱40秒～1分鐘後細細弄碎。

10g X 5份

分成5等分（每份10g）各放在保鮮膜上，包成扁平狀冷凍。

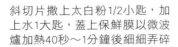

鮭魚
取用生鮭魚脂肪較少的部分

50g（1/3片）

去皮去骨後斜切片，撒上太白粉1/4小匙，加上水1大匙，與嫩雞胸肉一樣方法加熱。

10g X 5份

分成5等分（每份10g）各放在保鮮膜上包成扁平狀，或放分裝小杯中冷凍。

與家中既有食材搭配

- 燕麥片　原料為顆粒細小的燕麥，富含食物纖維與營養，適合作為主食。
- 馬鈴薯　可作為熱量來源同時也富含維生素C。
- 烤麩　主原料為名為麩質的小麥粉蛋白質。可從擠食期開始攝取。
- 香蕉　可做成香蕉粥或香蕉拌蔬菜，甜味與黏稠口感絕佳。
- 葡萄　冷凍後過水即可輕鬆剝皮，籽也要去除才行。
- 烤海苔　用水或高湯調成黏稠狀。不可選擇味道過重的「加味海苔」。
- 起司粉　含較多鹽分跟脂肪，所以分量須控制在少許。
- 黃豆粉　可撒在粥上。與食材攪拌沾上水分後再餵寶寶，以免嗆到。
- 高湯　（參照P.37）
- 蔬菜湯　（參照P.37）
- 太白粉

加熱後馬上完成一餐！

鮭魚粥

紅蘿蔔綠花椰菜湯

味道溫和，吃不膩的招牌菜

鮭魚粥

材料　A 5倍粥 80g ＋ E 鮭魚 10g

作法

1. 把鮭魚與2小匙水加進5倍粥中，蓋上保鮮膜以微波爐加熱2分鐘後攪拌。

綠黃色蔬菜組合 攝取充分維生素

紅蘿蔔綠花椰菜湯

材料　B 紅蘿蔔 10g ＋ C 綠花椰 10g

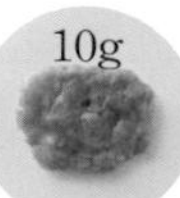

＋ ● 蔬菜湯2大匙 ● 太白粉1/4小匙

作法

1. 將蔬菜湯與太白粉充分攪拌。
2. 將紅蘿蔔跟綠花椰菜加入作法 ❶ 中，蓋上保鮮膜以微波爐加熱30～40秒後攪拌。

Tuesday
星期二

海苔粥

綠花椰菜燴嫩雞胸肉

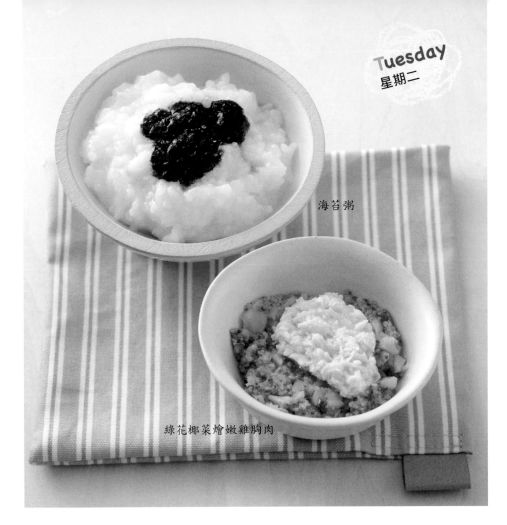

濃郁甘露煮口感 寶寶好咀嚼

海苔粥

材料  A 5倍粥 

80g

- 海苔（1片 約21 X 19cm）1/8片
- 高湯1小匙

作法

1. 將海苔細細撕碎，加入高湯攪拌。
2. 將1小匙水加進5倍粥中，蓋上保鮮膜以微波爐加熱30～40秒後再將作法 ❶ 倒上。

寶寶喜歡較軟口感的話可增加水量

綠花椰菜燴嫩雞胸肉

材料 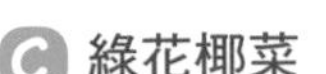 C 綠花椰菜   D 嫩雞胸肉

20g

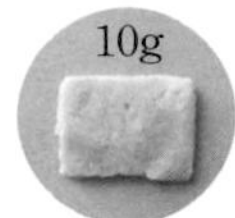

10g

作法

1. 將1小匙水加進綠花椰菜中，蓋上保鮮膜以微波爐加熱30～40秒。
2. 將1小匙水加進嫩雞胸肉中，蓋上保鮮膜以微波爐加熱30～40秒後倒在作法 ❶ 上。（或將食材一起放入電鍋外鍋加0.5杯水蒸煮）

Wednesday
星期三

綠花椰菜燕麥片

把想給寶寶吃的食材加進馬鈴薯泥輕鬆方便！

鮭魚起司馬鈴薯泥

微波加熱即可！蔬菜風味燕麥粥

綠花椰菜燕麥片

材料 C 綠花椰菜  ● 燕麥片2大匙

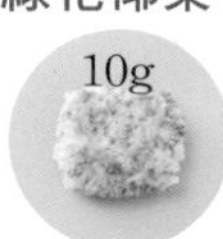

作法

❶ 把綠花椰菜與4大匙水加進燕麥片中，蓋上保鮮膜以微波爐加熱1分30秒後攪拌。

讓馬鈴薯充滿鮭魚與起司的鮮味

鮭魚起司馬鈴薯泥

材料 E 鮭魚  ● 馬鈴薯20g（2cm方塊2個）
● 起司粉1小匙

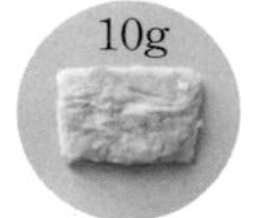

作法

❶ 馬鈴薯剝皮，加上1大匙水、鮭魚、起司，蓋上保鮮膜以微波爐加熱1分鐘後，用叉子壓碎攪拌。

勾芡吃起來更順口

紅蘿蔔嫩雞胸肉燴飯

Thursday
星期四

季節水果(葡萄)

Friday
星期五

紅蘿蔔烤麩泥

黃豆粉香蕉粥

勾芡去除雞肉乾澀口感

紅蘿蔔嫩雞胸肉燴飯

材料 Ⓐ5倍粥 80g ＋ Ⓑ紅蘿蔔 10g ＋ Ⓓ嫩雞胸肉 10g

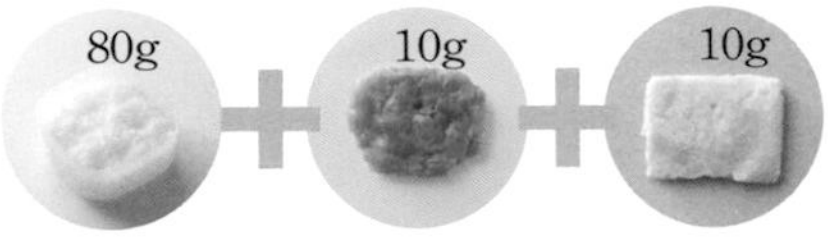

＋ ● 高湯1大匙 ● 太白粉1/4小匙

作法

1. 5倍粥加2小匙水蓋上保鮮膜以微波爐加熱2分鐘。
2. 將高湯與太白粉充分攪拌。
3. 將作法 ❷ 加進紅蘿蔔與嫩雞胸肉中，蓋上保鮮膜以微波爐加熱30～40秒，攪拌後倒在作法 ❶ 上。

冷凍後剝皮毫不費力

季節水果(葡萄)

材料 ● 葡萄(挑選喜歡的水果) 20g

作法

1. 葡萄去皮去籽蓋上保鮮膜以微波爐加熱30～40秒後細細壓碎。

烤麩吸收水分 變身蓬鬆口感煮物

紅蘿蔔烤麩泥

材料 Ⓑ紅蘿蔔 10g

＋ ● 高烤麩5g ● 牛奶1大匙 ● 起司粉1小匙匙

作法

1. 烤麩用水泡發後徹底擠乾水分。
2. 將作法 ❶ 加進紅蘿蔔、牛奶、起司中，蓋上保鮮膜以微波爐加熱1分鐘後攪拌。

品嚐香味與甜味的雙重奏

黃豆粉香蕉粥

材料 Ⓐ5倍粥 80g

＋ ● 香蕉10g（1/10小根） ● 黃豆粉少許

作法

1. 5倍粥加水2小匙，蓋上保鮮膜以微波爐加熱2分鐘。
2. 將香蕉用保鮮膜包起來壓碎。把黃豆粉撒在作法 ❶ 上，放上香蕉，邊攪拌邊餵寶寶。

\ 跟大人有什麼不同？/

調味料與油脂的用法

鹽分與油脂過多，會對寶寶身體造成負擔！基本原則是「極淡味 & 低脂肪」。

Q 可以用油脂嗎？

A 正確順序為奶油→橄欖油

從擠食期後半(8個月)開始，可以挑選乳脂肪且容易吸收的奶油(盡量挑選無鹽)讓寶寶嘗試第一次的油脂。接下來可以選擇植物油，但比起沙拉油，建議媽媽們挑選不容易氧化的橄欖油。麻油可從擠食期開始使用極少量，美乃滋也是一樣，但因為美乃滋含有生蛋，所以1歲之前需要加熱。

Q 可以用調味料嗎？

A 從7個月起可以用極少量的調味料，要控制在稍微有點味道的程度

鹽分對於寶寶尚未成熟的腎臟會造成極大負擔。吞食期不使用調味料，差不多從擠食期(7個月)起可以開始使用砂糖、鹽、醬油、味噌、醋以及番茄醬，但必須是極少量，沾在手指上的程度。酒、味醂以及咖哩粉從咬食期可以開始使用極少量。醬料則是從1歲以後開始，也是極少量。

不用調味料也美味❶

\ 輕鬆添加甜味、酸味、濃郁感！/

利用食材的鮮味，不用調味料也OK

利用食材本身的鮮味與溫和口感，沒有調味料也可以很美味

起司 從擠食期開始

少量的話，起司粉或披薩用起司都沒有問題。可以用來讓西式義大利麵、焗烤或焗飯等更濃郁。

優格 從擠食期開始

如果寶寶不喜歡酸味，可以用廚房紙巾把多餘水分吸除，味道就會比較溫和。優格口感綿滑，最適合用來增添黏稠感！

番茄 從吞食期開始

全熟番茄的甜味跟鮮味，會比酸味要來得強。煮番茄、炒番茄等，加熱還可以提升甜味。

香蕉 從吞食期開始

香蕉的甜味寶寶最喜歡！生香蕉壓碎後會變黏稠，就可以加在寶寶不喜歡的食材中，同時添加甜味與黏稠感。

\ 老師教教我 /

Column

不用調味料也美味❷

\ 為粉狀食材添加水分！/

稀釋固體感讓寶寶更好吞嚥

以下四種液狀食材是製作副食品時很好用食材。當食材粉粉、乾乾的時候，加入少量即可增加液體感，是各種湯料理、燉煮料理不可或缺的材料。它們的鮮味可以取代調味，可幫助減少調味料的攝取。

高湯（請參照P.37）

從吞食期開始

最好用以昆布跟柴魚做成的高湯，跟任何食材都搭配！有了高湯的鮮味，不用調味料也OK。

蔬菜湯（請參照P.37 ）

從吞食期開始

蔬菜湯濃縮了蔬菜特有的自然甜味與鮮味，對身體負擔小，可安心使用。味道清淡用途也多樣。

豆乳

從吞食期開始

豆乳可以替代吞食期不能使用的牛奶來變出香濃的奶味。當中的蛋白質為以黃豆為原料的植物性蛋白質，所以也很健康。

牛奶

從擠食期開始

可從擠食期開始使用於調理食材。牛奶煮料理或牛奶湯都是寶寶喜愛的菜色，更可以幫助攝取鈣質。

不用調味料也美味❸

\ 跟粥攪拌即可！/

簡單撒一下改變味道→擺脫一成不變的口味

想多加一種口味的時候，只要撒一下，就可以增添鮮味與濃郁感。它們都可以長期保存，家中隨時保有存貨，十分方便！不過由於粉類容易進入氣管，所以給寶寶吃時一定要跟其他食材充分攪拌 。

黃豆粉

從吞食期開始

比蒸黃豆保存期限長，也好消化吸收。為避免粉末被吸進氣管，一定要跟粥等食材充分攪拌，使其吸取水分。

柴魚

從擠食期開始

高湯可從吞食期開始給寶寶食用，但柴魚則要從擠食期開始。磨粉拌進食材，不須高湯也能得到相同的風味。

海苔粉

從擠食期開始

不像海苔，粉狀的話不須費工撕碎相當方便。不過由於容易嗆到，所以也要使其吸取足夠水分後才可以給寶寶。另外，海苔粉也能補充礦物質。

白芝麻粉

從咬食期開始

芝麻富含良質油脂，但容易進入氣管，所以要從咬食期開始磨粉添加。可與其他食材攪拌直接成為一道料理。

9~11個月左右

咬食期

慢慢調整寶寶作息與大人相同

副食品一天三次

寶寶會將無法用舌頭壓碎的食物 推到左右兩邊咀嚼

將湯匙放在寶寶下唇，寶寶就會閉起上唇將食物引入口中。無法用舌頭壓碎的食物也會將其推到左右兩邊，用牙床來咀嚼吞食。

開始用手抓食物吃

要重視寶寶想自己吃的意願！盡量多讓寶寶自己抓食物吃。例如香蕉、棒狀水煮蔬菜等，一口大小的煎烤點心等都相當方便。

邊玩邊吃、挑食都是必經階段 不須擔心

此時期，副食品已經增為一天三次，主要營養來源也已轉為副食品，但寶寶卻出現愈來愈多令人煩惱的行為，例如邊吃邊玩、有時吃多有時吃少、挑食等。不過這些都是發展的過程，放鬆心情才是最好的方法！用手抓東西吃是邁向自立的第一步，把食物弄得亂七八糟也是寶寶在用手觸摸學習東西形狀的證明。冷凍副食品中也可加入用手抓握的菜色，讓寶寶快樂享受「自己吃」的過程。

要在哪裡吃呢？

要為寶寶準備可以坐在椅子上，自由地用手拿食物吃的環境。在地板上鋪塑膠墊等，食物掉下去時就不會著急了！

- **讓寶寶坐著，手可以自由活動**

  基本上由媽媽餵食，但如果寶寶對湯匙有興趣的話就讓他拿拿看。

- **腳掌可以出力**

  腳不要騰空，讓寶寶能夠把腳放在地板或是補助板上，下巴跟舌頭才能使力。

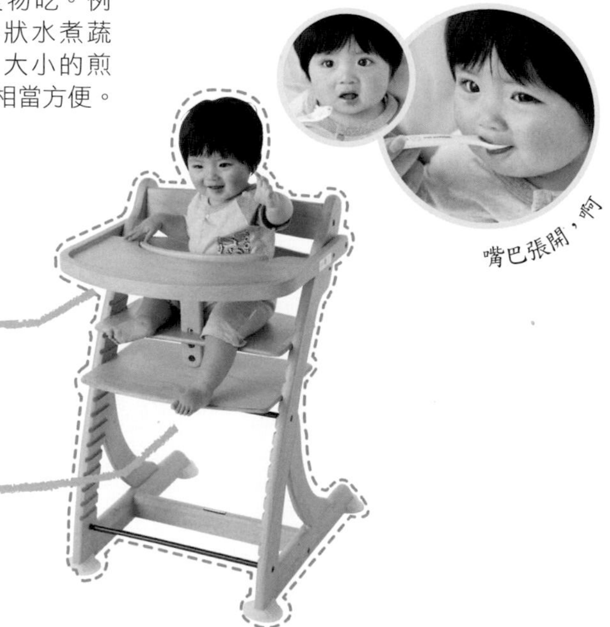

嘴巴張開，啊

寶寶的舌頭不只前後上下，
也能左右動，
無法用舌頭與上顎壓碎的食物也
可以用牙床來咀嚼壓碎

所以必須要調理成
能以牙床壓碎
如全熟香蕉般的硬度！

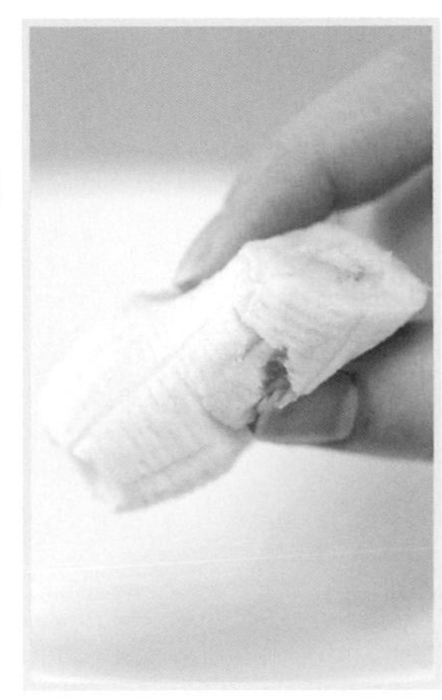

食物的硬度大約要像是用手指抓起，輕輕使力即可壓碎的香蕉。棒狀香蕉最適合拿來給寶寶作為用門牙或門牙牙床咬一口大小的練習工具。

有的寶寶上下都長出牙齒了

該什麼時候給寶寶吃呢？

- 讓寶寶習慣早午晚三餐
- 盡量全家一起進食

不管副食品是在6個月或是7個月時增加為兩餐，最晚也要在10個月前增加到三餐。讓寶寶營養來源的一半以上都是透過副食品攝取。變成三餐後，寶寶進餐時間可以配合大人，媽媽輕鬆寶寶也開心。

寶寶進食作息表 Schedule

早上	副食品＋母乳／配方奶
中午前	母乳／配方奶
中午	副食品＋母乳／配方奶
下午	母乳／配方奶
黃昏	副食品＋母乳／配方奶
睡前	母乳／配方奶

咬食期的冷凍處理方法

切成較大方塊

將煮軟的蔬菜或豆腐等食材切成5～7mm方塊。葉菜類就切成稍大的碎粒。

大致弄散即可

較軟的魚肉等食材不須用研磨缽來磨碎，用叉子壓碎弄散即可。

一餐份的形狀與硬度

米(粥)、紅蘿蔔、哈密瓜、豆腐大比較

米

5倍粥

以米1：水5的比例煮，給寶寶吃的量為90g。

紅蘿蔔

蔬菜湯煮紅蘿蔔

將紅蘿蔔20g煮軟後切成5mm方塊，加入蔬菜湯至淹蓋住紅蘿蔔燉煮，也可以加微量的鹽或醬油。

哈密瓜

哈密瓜粒

將熟透的哈密瓜果肉10g切成5mm的稍大方塊。

豆腐

奶油炒豆腐

將嫩豆腐45g切成5mm方塊，以1/2小匙奶油稍微炒一下。

擠食期副食品
適當的量是多少？

- 熱量來源食品……
  5倍粥90g→軟飯80g
- 維生素、礦物質來源食品
  蔬菜＋水果30g→40g
- 蛋白質來源食品……
  豆腐45g
  （魚或肉的話為15g）

有的寶寶食量小，也有的寶寶食量大。就算寶寶食量小，重點還是維持一天三餐。因為一旦培養出一天三餐的飲食規律，用餐前就會分泌消化液，讓寶寶能更加產生空腹感。除此之外，也可以利用奶油或起司等，來增加少量食物的熱量。如果寶寶食量較大，就可以增加蔬菜的量。

後半

米

軟飯

以米1：水3～2的比例煮，給寶寶吃的量為80g。

紅蘿蔔

蔬菜湯煮紅蘿蔔

將紅蘿蔔30g煮到軟後切成7mm方塊，加入蔬菜湯至淹蓋住紅蘿蔔燉煮，也可以加微量的鹽或醬油。

哈密瓜

哈密瓜粒

將熟透的哈密瓜果肉10g切成7mm的稍大方塊。

豆腐

奶油炒豆腐

將嫩豆腐45g切成7mm方塊，以1/2小匙奶油稍微炒一下。

P.76

可以進入咀嚼期了！

- ☑早午晚三餐吃到一定的量。
- ☑會用自己的手抓著吃。
- ☑可用牙床壓碎硬度跟肉丸子差不多的食物。

如果寶寶已經形成在固定時間用餐的規律，用牙床擠食的動作熟練的話就可以前進到下個階段了。

9~11個月左右 咬食期第1週

不要突然調高食材硬度，粥類要從5倍粥開始

咬食期時食材基本上會調理成可用牙床來咀嚼的硬度，但突然提高硬度的話寶寶也會感到疲累，因此粥類維持跟擠食期相同的5倍粥。在肉類方面，在嫩雞胸肉之後寶寶可以開始吃雞絞肉了，所以也可以把雞絞肉加進冷凍食材中。

晉級時的秘訣　組合較硬與較軟食材和緩硬度的變化

每個時期都一樣，在剛進展到下一個時期時，千萬不可以突然把食材硬度調高。寶寶如果累了懶得嚼，就有可能形成直接吞下去的習慣！因此晉升新時期一開始時，要把副食品其中一餐的菜色安排為「努力才嚼得動」跟「可以輕鬆咀嚼」的組合。例如P99星期二的菜色「地瓜濃湯」與「雞肉小松菜燴飯」。觀察寶寶的嘴部，有動口咀嚼的話，就表示副食品的硬度符合寶寶的能力。

只要準備這些食材，星期一到五的份量就解決了

5倍粥
每次的量比擠食期多

水1L　米1杯

90g X 12~13份

將米1杯（200ml）及水1L放入電鍋，選擇「粥」模式來煮。

分成各90g裝入分裝容器，或用保鮮膜包好冷凍。

小松菜
只須切碎煮過的葉片部分

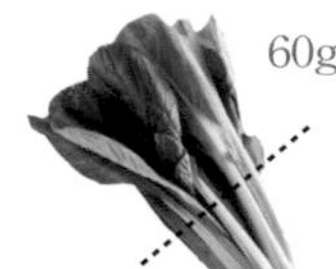

60g（1/2小把）

15g X 4份

小松菜的莖比菠菜還要硬，所以咬食期前半先只給葉片部分，這樣寶寶比較好入口。

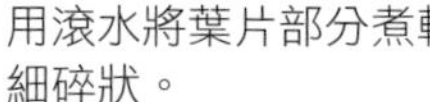

用滾水將葉片部分煮軟，再切成細碎狀。

分成4等分（每份15g）各放進矽膠小杯，或用保鮮膜包起冷凍。

地瓜
用電鍋煮輕鬆又香甜

100g（1/2小條）

15g X 6份

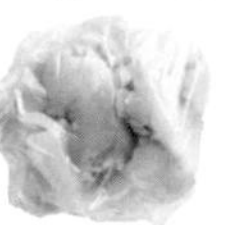

用錫箔紙包起來放進電鍋跟大人的米一起煮。剝皮後大概壓碎即可。

分成6等分（每份15g）各放在保鮮膜上，包成扁平狀冷凍。

雞絞肉
脂肪較少的
雞胸絞肉
較理想

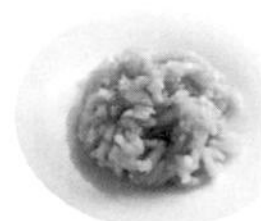

加上水1大匙與太白粉1/2小匙充分攪拌，蓋上保鮮膜以微波爐加熱40秒～1分鐘後細細弄碎。

10g X 5份

分成5等分（每份10g）各放在保鮮膜上，包成扁平狀冷凍。

劍旗魚
無皮無骨
容易弄碎

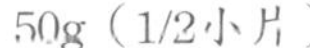

加上水1大匙與太白粉1/2小匙，蓋上保鮮膜以微波爐加熱40秒～1分鐘後，用叉子細細弄碎。

10g X 5份

分成5等分（每份10g）各放在保鮮膜上包成扁平狀冷凍。

劍旗魚片沒有皮跟骨，所以只須弄碎即可。比目魚跟鮭魚等就必須在加熱後去皮去骨。

與家中既有食材搭配

- 熟烏龍麵　不須另外水煮相當方便。切成1cm長再煮軟。
- 番茄　平時買了放在家裡，隨時都可以用在醬料或湯裡，來增添鮮味。
- 紅蘿蔔　切成5mm方塊或2cm長的條狀，加熱到可用牙床壓碎的程度。
- 乾海帶芽片　可以將乾海帶芽泡水使其發開，也可以將鹽味海帶用水洗過去鹽分。
- 豆腐　嫩豆腐或木棉豆腐皆可，選擇家裡有的就好。
- 蛋　沒有對蛋過敏的話可以給寶寶吃。咬食期可以添加到半個全蛋。
- 牛奶　調理用的話可添加達90ml。可用於湯或燉飯等。
- 披薩用起司　含較多鹽分跟脂肪，所以分量須控制在少許。
- 高湯　（參照P.37）
- 蔬菜湯　（參照P.37）
- 太白粉
- 白芝麻粉
- 醬油
- 奶油

Monday
星期一

地瓜粥

嫩煎劍旗魚佐番茄丁

加熱後
馬上完成一餐！

甜甜的粥寶寶一定也喜歡

地瓜粥

材料 A 5倍粥　C 地瓜

作法

❶ 把1小匙水加進5倍粥與地瓜中，蓋上保鮮膜以微波爐加熱2分～2分30秒後攪拌。

冷凍狀態直接煎就不會散開

嫩煎劍旗魚佐番茄丁

材料 E 劍旗魚

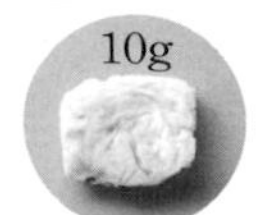

- 番茄 半圓形1片
- 奶油1/2小匙
- 醬油少許

作法

❶ 用平底鍋加熱融化奶油，將冷凍劍旗魚直接放入，用較弱中火煎兩面到稍微焦黃。

❷ 番茄去籽去皮切成小粒，取10g（2小匙）滴上醬油攪拌，倒在作法 ❶ 上面。

Tuesday
星期二

地瓜濃湯

將蔬菜與牛
奶微波加熱
就變成濃湯

雞肉小松菜燴飯

香熱鬆軟變身綿滑口感

地瓜濃湯

材料 C 地瓜 15g

＋ ● 牛奶3大匙

作法

1. 將牛奶加入地瓜中，不蓋保鮮膜以微波爐加熱1分鐘後邊壓碎邊攪拌。

勾芡增加綿滑口感，讓寶寶吃得安心

雞肉小松菜燴飯

材料 A 5倍粥 90g ＋ B 小松菜 15g ＋ D 雞絞肉 10g

＋
● 高湯1大匙
● 太白粉1/2小匙

作法

1. 充分攪拌高湯與太白粉。
2. 將作法 ❶ 加入小松菜與雞絞肉中，蓋上保鮮膜以微波爐加熱40秒～1分鐘。
3. 把1小匙水加進5倍粥中，蓋上保鮮膜以微波爐加熱2分鐘後，倒上作法 ❷。

加上白芝麻粉
濃郁立刻加倍

Wednesday
星期三

小松菜拌白芝麻

蛋黃粥

又香又濃的芝麻風味

小松菜拌白芝麻

材料 B 小松菜

15g

+

- 豆腐20g（2cm方塊2塊）
- 白芝麻粉1小匙
- 醬油少許

作法

❶ 將豆腐磨碎，加入小松菜、芝麻蓋上保鮮膜，以微波爐加熱40秒～1分鐘後，滴上醬油攪拌。

蛋黃過濾變身華麗米摩薩沙拉風

蛋黃粥

材料 A 5倍粥

90g

+

- 全熟蛋蛋黃1/2個

作法

❶ 把1小匙水加進5倍粥中，蓋上保鮮膜以微波爐加熱2分鐘。

❷ 將蛋黃過濾在作法 ❶ 上。

Thursday
星期四

海帶芽什錦烏龍麵

添加蔬菜美味滿點 寶寶大口吃光光

海帶芽什錦烏龍麵

材料  C 地瓜 15g ＋  D 雞絞肉 10g  ＋

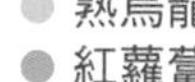
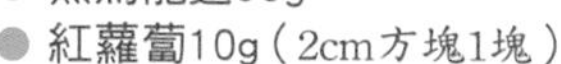
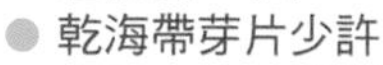

- 熟烏龍麵60g
- 紅蘿蔔10g（2cm方塊1塊）
- 乾海帶芽片少許
- 高湯1/2杯・醬油少許

作法

1. 將熟烏龍麵切成1cm長，紅蘿蔔切成長2cm的絲；乾海帶芽用水泡發，取10g（1大匙）切碎。
2. 將高湯、紅蘿蔔、海帶芽放入鍋中煮滾，加上烏龍麵、地瓜與雞絞肉再煮滾後，滴上醬油。

加入家裡既有蔬菜一起煮即可

不限於紅蘿蔔，白蘿蔔、高麗菜、四季豆、綠花椰菜等，家裡既有的蔬菜即可。搭配多種蔬菜，美味營養都加分！

Friday
星期五

劍旗魚起司燉飯

小松菜番茄湯

牛奶起司口味融於口中　寶寶也開心

劍旗魚起司燉飯

材料 A 5倍粥 90g ＋ E 劍旗魚 10g ＋

- 牛奶2大匙
- 披薩用起司1小匙

作法

❶ 把牛奶、披薩用起司加進5倍粥與劍旗魚中，蓋上保鮮膜以微波爐加熱2分～2分30秒後攪拌。

味道清淡與主菜最搭

小松菜番茄湯

材料 B 小松菜 15g ＋

- 番茄 半圓形1片
- 蔬菜湯3大匙

作法

❶ 番茄去籽去皮切成小粒。

❷ 將小松菜、蔬菜湯、15g（1大匙）的作法 ❶ 倒入鍋中煮滾。

9~11個月左右 咬食期第2週

用手抓握食物吃的時期，吐司料理大受寶寶歡迎

當寶寶出現想要自己吃的意願時，為寶寶準備容易用手抓，同時不容易掉得到處都是的菜色，媽媽也會比較輕鬆。讓寶寶開心享受吐司與干貝、牛絞肉等新蛋白質來源食品的搭配吧！

check！

☑用冷凍密封袋冷凍的食材，一餐可使用的參考量蔬菜為總共20～30g，魚或肉則為15g（請參照P.18「參考量」）。組合兩樣以上食材時，要調整用量來使用！

只要準備這些食材，星期一到五的份量就解決了

吐司
切成條狀
讓寶寶好抓

8片切厚度的2片

將1片切成兩半，再切成寬1cm的條狀。

1/2片份X 4份

將每1/2片（約25g）用保鮮膜包好，或裝入冷凍密封袋冷凍。

切成條狀很適合用牛奶煮成麵包粥，也可以用平底鍋或烤箱煎或烤成手抓料理。

番茄
冷凍後泡水
即可簡單去皮

120g（1小個）

除去蒂頭不去皮對半橫切去籽，再將兩個半塊切成4等分。

約10g X 8份

放進冷凍密封袋中冷凍。要使用時泡水去皮。

四季豆
細細切碎
讓纖維斷裂

50g（10~12條）

將豆筋去除，用滾水煮軟再切成3mm寬。

每次使用20~30g以內

放進冷凍密封袋中冷凍。使用時取出所需量即可。

香蕉
從袋子外
直接壓碎即可

1根

將皮剝掉放進冷凍密封袋，從袋子外面直接壓碎成扁平狀。

每次使用10g左右

分成5等分（每份10g）各放在保鮮膜上包成扁平狀冷凍。

香蕉要在開始熟透之前整個放進袋中冷凍！每次使用少量來增添甜味相當方便，最後全部都可以吃完不浪費。

干貝
用奶油
香煎後冷凍

50g

切成一半的厚度撒上薄薄麵粉，用平底鍋加熱融化奶油1/2小匙，放進干貝將兩面煎熟。

10g X 5份

分成5等分（每份10g）各放在保鮮膜上包成扁平狀冷凍。

牛絞肉
徹底加熱
防止乾澀口感

50g

加上水1大匙、太白粉1/2小匙充分攪拌，蓋上保鮮膜以微波爐加熱40秒～1分鐘。用攪拌器或叉子細細弄碎。

每次使用15g以內

放進冷凍密封袋中冷凍。使用時取出所需量即可。

與家中既有食材搭配

- **迷你螺旋麵** 選擇快煮型比較方便。但煮的時間還是要比大人用的長，要煮到軟趴趴為止。
- **南瓜** 跟番茄很合。也可用地瓜或馬鈴薯來代替。
- **紅蘿蔔** 切成5mm方塊或2cm厚的1/4圓片狀，加熱至軟。
- **馬鈴薯** 拿來煮湯很方便！也可以使用白蘿蔔等。
- **茄子** 去皮切小塊，徹底煮軟即可食用。
- **牛奶** 調理用的話可添加達90ml。可用於焗烤或麵包粥等。
- **原味優格** 用烹調用廚房紙巾去除多餘水分就可增加硬度，適合拿來與其他食材攪拌料理。
- **披薩用起司** 含較多鹽分跟脂肪，所以分量須控制在1小匙為止。
- **高湯** （參照P.37）
- **蔬菜湯** （參照P.37）
- **太白粉** **砂糖** **味噌** **奶油** **橄欖油**

Monday
星期一

茄子四季豆湯

法式吐司佐干貝

加熱後
馬上完成一餐！

黏稠湯汁溫和包覆蔬菜

茄子四季豆湯

材料 C 四季豆

- 茄子15g（1/5條）
- 蔬菜湯1/4杯
- 太白粉1/2小匙

作法

1. 把茄子去皮切成7mm方塊。
2. 將蔬菜湯、作法 ❶ 加入鍋中，蓋上鍋蓋煮至茄子變軟。再加入四季豆煮滾，以1小匙水與太白粉調勻後倒入鍋中攪拌勾芡。

兩樣食材都可用手抓最適合寶寶

法式吐司佐干貝

材料 A 吐司　E 干貝

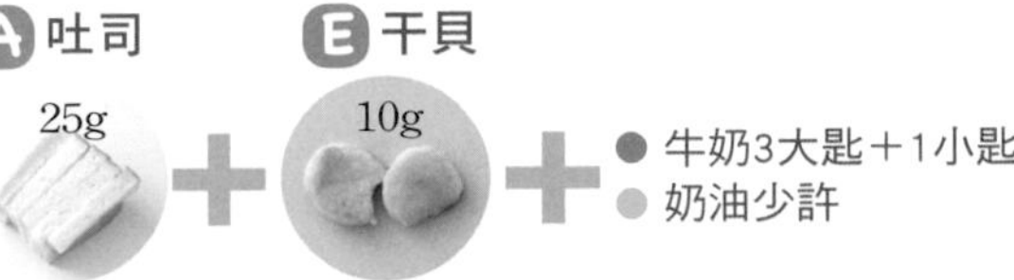

- 牛奶3大匙＋1小匙
- 奶油少許

作法

1. 將吐司長度切半，泡在3大匙牛奶中，用平底鍋加熱融化奶油後煎至呈金黃色。
2. 將1小匙牛奶加進干貝，蓋上保鮮膜以微波爐加熱30～40秒，和作法 ❶ 一起裝盤。

Tuesday
星期二

紅蘿蔔四季豆湯
煮義大利麵

吃膩飯或麵包就
可以嘗試「快煮
義大利麵」

牛肉拌香蕉

湯汁味道滲透 讓不喜歡的蔬菜也順口

紅蘿蔔四季豆湯煮義大利麵

材料 C 四季豆

- 迷你螺旋麵20g
- 紅蘿蔔10g（2cm方塊1個）
- 蔬菜湯1/2杯

作法

1. 螺旋麵煮軟，時間要比包裝袋上久。紅蘿蔔切成2mm厚的1/4圓片狀。
2. 將蔬菜湯、紅蘿蔔放入鍋中煮5～6分鐘，加入四季豆與螺旋麵煮至軟。

甜味中帶濃郁 也可以夾麵包

牛肉拌香蕉

材料 F 牛絞肉 D 香蕉

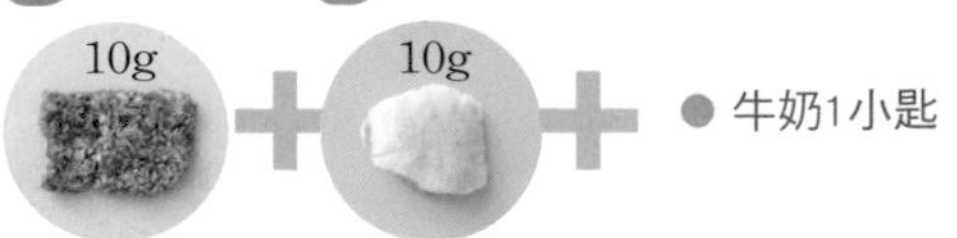

- 牛奶1小匙

作法

1. 將牛奶加進牛絞肉與香蕉中，蓋上保鮮膜以微波爐加熱30～40秒後攪拌。

大人用

用微波爐簡單完成「南瓜濃湯」

材料

南瓜150g・番茄1小個・洋蔥1/4個・雞湯粉2小匙・牛奶1.5杯・奶油1大匙・鹽、胡椒各少許

作法

❶ 南瓜去皮切成一口大小，洋蔥切薄片，放進較大的耐熱容器。番茄橫切兩半去籽，將切面朝下放在南瓜上。

❷ 加入奶油，蓋上以微波爐加熱6分鐘，去番茄皮。

❸ 加入牛奶、雞湯粉用食物調理器攪拌，加入鹽及胡椒調味。

番茄與牛奶清爽好入口

南瓜濃湯

材料 B 番茄 1塊

＋
- 南瓜20g
- 牛奶2大匙
- 橄欖油少許

作法

❶ 南瓜去皮放上番茄，蓋上保鮮膜以微波爐加熱40秒～1分鐘後，去除番茄皮。

❷ 用叉子壓平壓碎，加牛奶稀釋並滴上橄欖油。

外脆內濃口感豐富

番茄牛肉焗麵包

材料 A 吐司 B 番茄 F 牛絞肉

25g

1塊

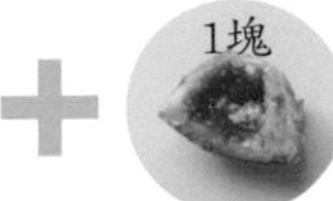

10g

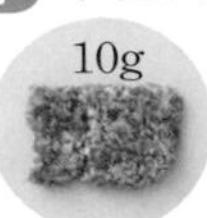

＋
- 牛奶2大匙
- 披薩用起司1小匙

作法

❶ 番茄泡水去皮切成碎粒。

❷ 將吐司撕小塊丟入耐熱容器中，加入牛奶、牛絞肉、作法 ❶，撒上起司，用烤箱烤7～8分鐘。

Thursday
星期四

番茄果凍佐干貝醬

脆吐司條＋
香蕉優格沾醬

微波加熱寒天條即可變身果凍！

番茄果凍佐干貝醬

材料 B 番茄 ＋ E 干貝

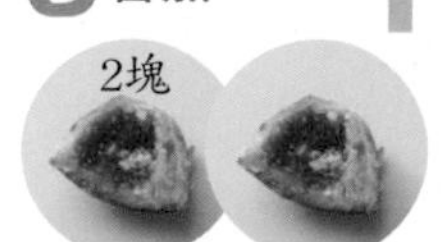

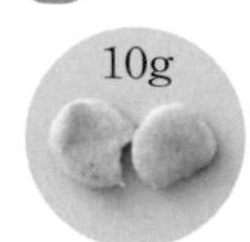

＋ ● 寒天條20g ● 砂糖1小搓
● 蔬菜湯2小匙 ● 太白粉1/4小匙

作法

1. 番茄泡水去皮，放入較大耐熱容器，加入寒天條、砂糖，不蓋保鮮膜以微波爐加熱1分30秒將寒天煮溶。倒進容器中放冰箱冷藏使其凝結。
2. 充分攪拌蔬菜湯與太白粉，加入干貝蓋上保鮮膜以微波爐加熱30～40秒。大致攪碎後倒在作法 ❶ 上面。

牛奶起司口味融於口中　寶寶也開心

脆吐司條＋香蕉優格沾醬

材料 A 吐司 ＋ D 香蕉 ＋ ● 原味優格2大匙

作法

1. 將香蕉蓋上保鮮膜以微波爐加熱30～40秒。用烹調用廚房紙巾去除優格多餘水分，加進香蕉中攪拌。
2. 吐司放烤箱烤至脆，跟作法 ❶ 一起裝盤。

四季豆絞肉麵包粥

擠食期後可使用極少量味噌

Friday
星期五

番茄馬鈴薯味噌湯

口中充滿綿軟口感與食材鮮味

四季豆絞肉麵包粥

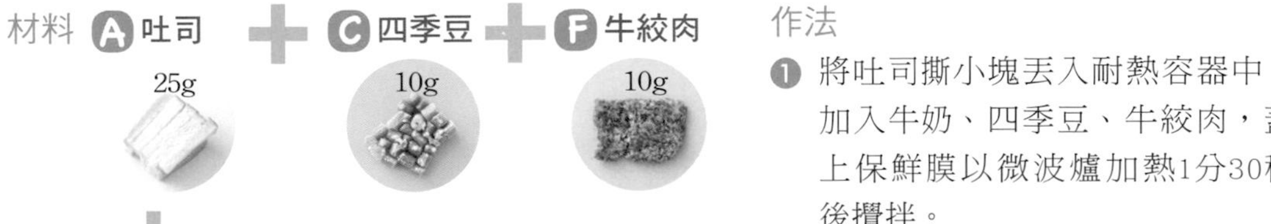

材料 A 吐司 25g ＋ C 四季豆 10g ＋ F 牛絞肉 10g

＋ ● 牛奶6大匙

作法

❶ 將吐司撕小塊丟入耐熱容器中，加入牛奶、四季豆、牛絞肉，蓋上保鮮膜以微波爐加熱1分30秒後攪拌。

麵包粥的最佳搭擋！清爽湯品

番茄馬鈴薯味噌湯

材料 B 番茄 1塊

＋
- 馬鈴薯10g
- 高湯1/4杯
- 味噌1/4小匙

作法

❶ 番茄泡水去皮切成碎粒。馬鈴薯50g連皮用保鮮膜包好，以微波爐加熱1分30秒。去皮取10g（多餘的給大人吃，切成5mm方塊）。

❷ 將高湯與作法 ❶ 加入小鍋中，並把味噌打散於湯中煮滾即可。

9~11個月左右

咬食期第3週

從粥畢業，軟飯登場！

差不多可以增加更多軟飯的變化，包括煎烤點心、焗飯、拌飯、手抓海苔三明治等。另外，用微波爐就可以簡單完成白醬，冷凍起來可以做成焗飯或焗烤等料理。

只要準備這些食材，星期一到五的份量就解決了

軟飯
「飯＋水微波加熱」簡單完成

水300ml　飯200g

將飯與水加入耐熱容器中，不蓋保鮮膜以微波爐加熱6分鐘。攪拌後蓋上保鮮膜燜（請參照P.36）。

80g X 6份

分成各80g裝入分裝容器，或用保鮮膜包好冷凍。

軟飯也可以用咀嚼期的方法來煮（請參照P.128），挑選媽媽方便的作法即可！

南瓜
可切塊或依喜好壓碎

連皮100g

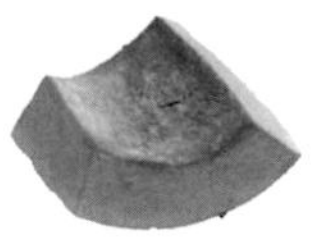

將連皮南瓜直接用保鮮膜包起來，用微波爐加熱2分鐘。包著保鮮膜直接放涼，去皮後切成7mm方塊。

每次使用20~30g以內

放進冷凍密封袋中冷凍。使用時取出所需量即可。

蕪菁葉
營養豐富切碎使用

60g（1株）

用滾水煮軟過水，徹底去除水分後細細切碎。

每次使用20~30g以內

放進冷凍密封袋中冷凍。使用時取出所需量即可。

蕪菁葉是富含β胡蘿蔔素及維生素C等營養素的綠黃色蔬菜。不要丟掉，把它也一起切碎冷凍吧！

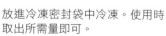

蕪菁

寶寶用的
要剝除較多皮

100g（1小個）

每次使用20~30g以內

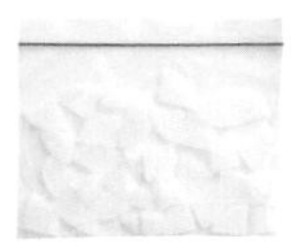

將皮剝掉厚一點再切成5mm厚的1/4圓片，加水1大匙蓋上保鮮膜以微波爐加熱1分30秒。餘熱消失後將多餘水分去除。

放進冷凍密封袋中冷凍。使用時取出所需量即可。

雞胸肉

切成薄片
讓纖維斷裂

50g

10g X 5份

切成薄片撒上太白粉1/2小匙，排在已用水弄濕的耐熱盤上，灑上水1小匙，蓋上保鮮膜以微波爐加熱40秒～1分鐘後直接放涼。

分成5等分（每份10g）各放在保鮮膜上包成扁平狀冷凍。

白醬

小型打泡器
攪拌較輕鬆

牛奶1/2杯
奶油1/2大匙
麵粉1大匙

20g X 4份

每次加熱時都要充分攪拌。餘熱散去後就會變得黏稠，放涼之後再用保鮮膜包好。

將奶油蓋上保鮮膜以微波爐加熱1分鐘，加麵粉攪拌，再加牛奶攪拌，不蓋保鮮膜以微波爐加熱1分鐘後攪拌，然後再度加熱1分鐘後攪拌。

分成4等分（每份20g）各放在保鮮膜上包成扁平狀冷凍。

與家中既有食材搭配

- **迷你螺旋麵**　選擇快煮型但煮久一點到軟趴趴的程度。也可以用通心粉。
- **番茄**　可用於西式燉飯等料理。去籽去皮切成7mm左右方塊。
- **綠花椰菜**　用滾水煮到莖部都變軟，切成7mm左右。
- **烤海苔**　軟飯太軟不容易作成海苔捲，海苔三明治較適合。
- **魩仔魚乾**　還是需要用滾水來去鹽分。如果較大條可以切小一點。
- **蛋**　營養價值高，如果沒有過敏的話，可以意識性地讓寶寶多攝取。
- **鮪魚**　選擇無鹽無油的罐頭鮪魚。富含鮮味的湯汁也可使用。
- **起司粉**　含較多鹽分跟脂肪，所以分量須控制在1小匙為止。
- **柴魚**　如有比較大片的話就用手擠碎，跟軟飯攪拌可以增添風味。
- **高湯**　（參照P.37）
- **蔬菜湯**　（參照P.37）
- **太白粉**　**麵粉**　**麵包粉**　**奶油**　**橄欖油**

Monday
星期一
加熱後
馬上完成一餐！
做成棒狀或小飯糰狀等 讓寶寶嘗試用手抓握
煎軟飯棒
香煎雞排

撒上太白粉幫助塑型

煎軟飯棒

材料 Ⓐ軟飯 ＋ Ⓒ蕪菁葉 ＋ ● 太白粉適量

80g

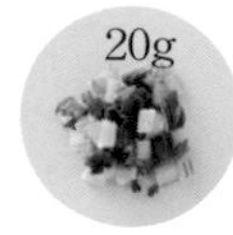
20g

作法

1. 淋1小匙水在軟飯與蕪菁葉上，蓋上保鮮膜以微波爐加熱2分鐘後充分攪拌。
2. 將軟飯做成棒狀撒上些許太白粉，用平底鍋邊翻滾邊煎。

切成薄片好咬鬆脆

香煎雞排

材料 Ⓔ雞胸肉

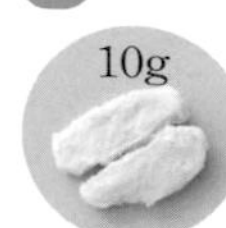
10g

＋
● 麵粉適量
● 蛋汁少許

作法

1. 將冷凍雞胸肉直接切成一口大小，撒上薄薄麵粉，過一下蛋汁然後在預熱好的平底鍋上將兩面煎熟。

Tuesday
星期二

蕪菁綠葉湯

番茄起司燉飯

順口的清爽湯品

蕪菁綠葉湯

材料 C 蕪菁葉 + D 蕪菁 + ● 蔬菜湯2大匙

5g

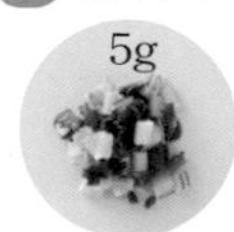

10g

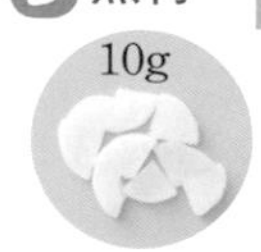

作法

❶ 將蔬菜湯加入蕪菁與蕪菁葉，不蓋保鮮膜以微波爐加熱30～40秒後，仔細壓碎顆粒。

濃郁溫和奶味 寶寶也心情愉悅

番茄起司燉飯

材料 A 軟飯 F 白醬

80g 20g

+ ● 番茄半圓形1片
● 起司粉少許

作法

❶ 番茄去籽去皮切成1cm方塊。
❷ 將1小匙水加在軟飯上，蓋上保鮮膜以微波爐加熱1分鐘。白醬蓋上保鮮膜以微波爐加熱30秒。
❸ 將軟飯放入耐熱容器內，取10g（2小匙）的作法❶放在軟飯上，倒上白醬撒上起司，用烤箱烤7～8分鐘。

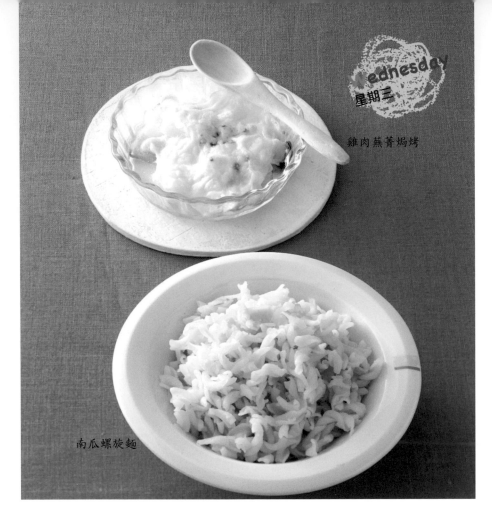

Wednesday
星期三

雞肉蕪菁焗烤

南瓜螺旋麵

清淡食材與濃郁白醬的巧妙搭配

雞肉蕪菁焗烤

材料 D 蕪菁 ＋ E 雞胸肉 ＋ F 白醬

20g

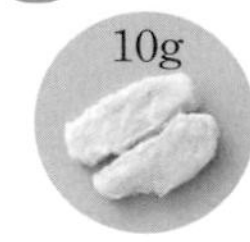
10g

20g

＋ ● 麵包粉少許

作法

1. 將蕪菁、雞胸肉排列在耐熱盤上，放上白醬，不蓋保鮮膜以微波爐加熱1分鐘。
2. 撒上麵包粉，用烤箱烤7～8分鐘。

南瓜醬帶來柔和清爽甜味

南瓜螺旋麵

材料  B 南瓜  ＋

- 迷你螺旋麵20g
- 起司粉少許
- 橄欖油少許

20g

作法

1. 南瓜加2小匙水，蓋上保鮮膜以微波爐加熱30～40秒。
2. 將螺旋麵煮到軟，要比包裝上標示的水煮時間久一點。加入作法 ❶ 跟橄欖油攪拌後撒上起司。

蕪菁葉魩仔魚拌飯

蔬菜拌飯加入魩仔魚更鮮美

Thursday
星期四

香煎南瓜餅

富含青菜與小魚營養的和風飯料理

蕪菁葉魩仔魚拌飯

材料 A 軟飯 ＋ C 蕪菁葉

80g

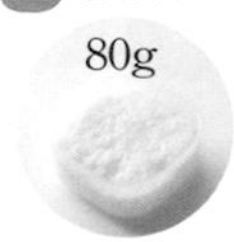

5g

＋ ● 魩仔魚乾10g（2大匙）

作法

❶ 將魩仔魚乾放進濾網中，倒入滾水去鹽。

❷ 將蕪菁葉、作法 ❶ 與1小匙水加在軟飯上，蓋上保鮮膜以微波爐加熱2分鐘後攪拌。

用奶油香煎的手抓點心

香煎南瓜餅

材料 B 南瓜 ＋ ● 奶油少許

30g

作法

❶ 將南瓜蓋上保鮮膜以微波爐加熱40秒～1分鐘。大致壓碎分成4～5等分，捏成扁平圓片狀。

❷ 用平底鍋加熱融化奶油後將作法 ❶ 兩面煎熟。

Friday
星期五

南瓜綠花椰菜燴鮪魚

軟飯海苔三明治

勾芡更好咀嚼

南瓜綠花椰菜燴鮪魚

材料 A 南瓜

➕
- 綠花椰菜20g（2小棵）
- 鮪魚10g（1大匙）
- 高湯2小匙
- 太白粉少許

作法

❶ 將2小匙水加在南瓜上，蓋上保鮮膜以微波爐加熱30～40秒。綠花椰菜煮軟切小塊。

❷ 充分攪拌高湯跟太白粉，加入鮪魚蓋上保鮮膜以微波爐加熱30～40秒。

❸ 將作法 ❶ 裝盤後倒上作法 ❷ 。

用廚房剪刀輕鬆剪成喜歡的大小

軟飯海苔三明治

材料  A 軟飯

➕
- 柴魚30g（1小包）
- 海苔1/2片（1片約21 X 19cm）

作法

❶ 將1小匙水加在軟飯上，蓋上保鮮膜以微波爐加熱2分鐘，撒上柴魚。

❷ 將海苔切成兩半，用兩片海苔夾飯，再以廚房剪刀切成方便入口的大小。

Memo

海苔三明治輕鬆剪

軟飯做成海苔捲太軟，也不容易用菜刀切。要解決這個煩惱有一個小技巧，那就是海苔夾飯之後用剪刀來剪。這樣可以一口氣剪成一口大小，非常輕鬆。寶寶也能輕易地用手拿，相當適合1歲左右的寶寶。

9~11個月左右

咬食期第4週

麵線、羊栖菜、黃豆輪番上陣 健康的一週

細滑好下口的麵線很受咬食期寶寶的歡迎，食慾不佳時也能清爽下肚。還有可以補充鐵質的羊栖菜，以及田園中的肉類——黃豆，將這些食材冷凍起來，創造健康又營養滿分的料理吧！

只要準備這些食材，星期一到五的份量就解決了

麵線
折成喜好長度
再煮剛剛好

3把（150g）

用手折成1～2cm的長度，用滾水煮軟倒入濾網中過冷水後，再去除多餘水分。

90g X 5份

分成各90g裝入分裝容器，或用保鮮膜包好冷凍。

紅白蘿蔔湯
慢慢燉煮
濃縮鮮味！

紅蘿蔔50g（約1/3根）
白蘿蔔50g（約2cm厚圓片）

紅蘿蔔跟白蘿蔔都切成7mm方塊放入鍋中，有白蘿蔔葉的話也可以稍微切一點丟進去。加2杯水先用大火煮滾，蓋上鍋蓋再轉小火煮20～30分鐘。

5份

將食材分成5等分裝入分裝容器，再倒入等量的湯汁冷凍。

根莖類蔬菜要從冷水開始慢慢燉煮到軟。富含蔬菜鮮味的湯汁也要一起冷凍！

蘋果
切成容易咀嚼
的薄片
變身甜煮風味

1/4個

去皮切成5mm後的1/4圓片，撒上1小匙砂糖蓋上保鮮膜以微波爐加熱2分鐘後直接放涼。

每次使用10g以內

放進冷凍密封袋中冷凍。使用時取出所需量即可。

D 羊栖菜芽

加入高湯
煮至軟

乾的3g（1大匙）

每次使用1小匙左右

用水沖過後，泡水使其發開，用濾網撈起放入鍋中，加入1/2杯高湯煮軟。

放進冷凍密封袋中冷凍。使用時取出所需量即可。

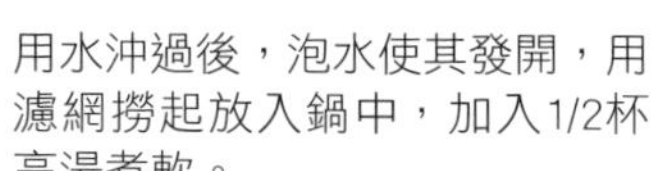

E 牛肉薄片

用滾水
快速煮過
切成細條

50g

每次使用15g以內

放涼時要蓋上保鮮膜以免肉變乾

撒上薄薄太白粉，用滾水煮過後鋪在濾網上。蓋上保鮮膜放涼後切成1cm長的細條。

放進冷凍密封袋中冷凍。使用時取出所需量即可。

F 蒸黃豆

加熱後即能
輕鬆剝去薄皮

50g

每次使用15g以內

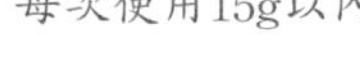

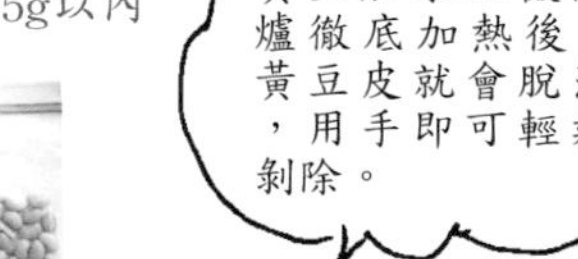

黃豆加水以微波爐徹底加熱後，黃豆皮就會脫落，用手即可輕鬆剝除。

黃豆加水1/4杯，將保鮮膜鋪在剛剛好碰到水的高度，以微波爐加熱2分鐘。放涼後去薄皮。

放進冷凍密封袋中冷凍。使用時取出所需量即可。

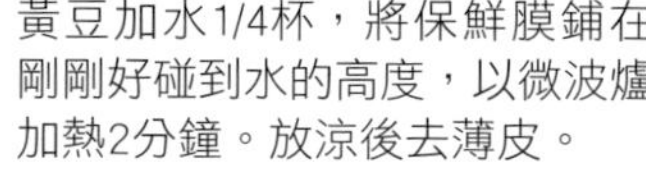

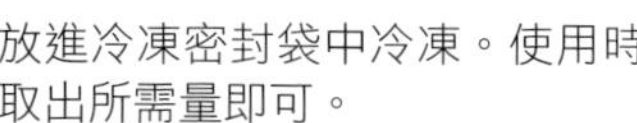

與家中既有食材搭配

- **軟飯**　將飯1：水1.5攪拌後以微波爐加熱較輕鬆（請參照P.36）。
- **美式鬆餅粉**　含有麵粉跟發粉，可簡單做成蒸糕。
- **番茄**　去籽去皮切成7mm左右方塊。搭配麵線也很可口。
- **小黃瓜**　切成薄片或細棒狀方便寶寶咀嚼。
- **萵苣**　切成絲讓纖維斷裂。加熱後更好入口。
- **馬鈴薯**　磨泥加上太白粉就可以做成QQ的丸子！
- **寒天條**　使用量比用寒天時少，比較方便。加熱時要裝進較大容器。
- **牛奶**　調理用的話可添加達90ml。用在鬆餅可製造出濃郁口感。
- **原味優格**　用烹調用廚房紙巾去除多餘水分，就可以立刻變身為香濃甜點！
- **蔬菜湯**　（參照P.37）
- **白粉**　● **醬油**　● **味噌**　● **醋**　● **麻油**

Monday
星期一

蘋果優格

黃豆根菜麵線

加熱後
馬上完成一餐！

甜煮蘋果塑造生起司風味

蘋果優格

材料  C 蘋果 ＋ ● 原味優格2大匙

10g

作法

❶ 蘋果蓋上保鮮膜以微波爐加熱30～40秒。

❷ 優格用烹調用廚房紙巾去除多餘水分，再將作法 ❶ 放上去。

鬆軟大豆加滑順麵線的豐富口感

黃豆根菜麵線

材料 A 麵線　B 紅白蘿蔔湯　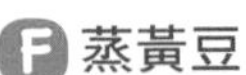 F 蒸黃豆

90g

＋

1份
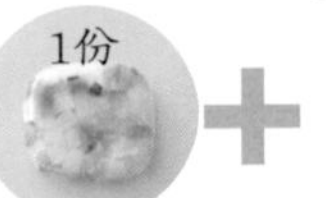
＋

20g

＋ ● 味噌1/4小匙

作法

❶ 麵線蓋上保鮮膜以微波爐加熱2分鐘，加1小匙水避免麵線黏在一起。

❷ 將紅白蘿蔔湯與蒸黃豆蓋上保鮮膜以微波爐加熱2分鐘，加入味噌打散，倒在作法 ❶ 上。

Tuesday
星期二

牛肉番茄炒麵線

不好入口的食材可以搭配馬鈴薯丸子

soup

羊栖菜馬鈴薯丸子湯

炒出香郁口感 搭配清淡番茄

牛肉番茄炒麵線

材料 **A 麵線** 90g  ＋ **E 牛肉薄片** 10g   ＋

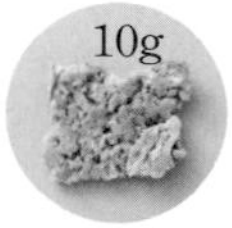

- 番茄半圓形1片
- 麻油少許
- 醬油少許

作法

1. 將麵線蓋上保鮮膜以微波爐加熱2分鐘，番茄去籽去皮切成碎塊。
2. 平底鍋加入麻油預熱，放進麵線炒一下後，再加入薄牛肉片、番茄10g（2小匙）繼續炒，最後滴上醬油攪拌。

QQ馬鈴薯丸子加上羊栖菜

羊栖菜馬鈴薯丸子湯

材料 **D 羊栖菜** 5g  ＋

- 馬鈴薯20g
- 太白粉1/2小匙
- 蔬菜湯1/4杯

作法

1. 馬鈴薯50g連皮用保鮮膜包好以微波爐加熱1分30秒，去皮取20g（多餘的大人吃）加入羊栖菜、太白粉攪拌，捏成一口大小。
2. 將蔬菜湯倒入小鍋，加入作法 ❶ 煮2～3分鐘。

Wednesday
星期三

小黃瓜蘋果沙拉

黃豆羊栖菜拌飯

羊栖菜是含有豐富鐵質的海藻 媽媽也一起食用

含有豐富鐵質的羊栖菜，不僅是營養來源大半從飲食中攝取的寶寶，對正在哺乳的媽媽而言也是很值得推薦的食材。用水泡發時要浸泡20至30分鐘，趕時間的時候用滾水只要5分鐘就可以泡開。不只可以於燉煮料理，也可以放在沙拉裡，或與飯攪拌、加進肉丸子裡等。

清脆口感還可用手抓握

小黃瓜蘋果沙拉

材料 C 蘋果 10g

+
- 小黃瓜10g（1/10根）
- 麻油少許
- 醋少許

作法

1. 蘋果蓋上保鮮膜以微波爐加熱30～40秒。小黃瓜去皮切成薄半圓形。
2. 將作法 ❶ 裝盤，滴上麻油、醋。

令人安心的豐富滋味健康拌飯

黃豆羊栖菜拌飯

材料 D 羊栖菜 5g

F 蒸黃豆 20g

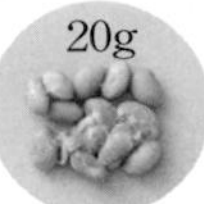

+
- 軟飯80g
- 醬油少許

作法

1. 將羊栖菜、蒸黃豆蓋上保鮮膜以微波爐加熱30～40秒。
2. 將作法 ❶ 與醬油加進軟飯攪拌。

Thursday
星期四

紅白蘿蔔湯

用鬆餅粉作的蒸糕
也很適合用手抓

蘋果蒸糕

只須解凍加熱即完成一道

紅白蘿蔔湯

材料 B 紅白蘿蔔湯

作法

❶ 紅白蘿蔔湯不蓋保鮮膜以微波爐加熱1分30秒。

與烹飪用紙一起蒸 不需模型也可完成

蘋果蒸糕

材料 
C 蘋果 10g ＋

● 鬆餅粉3大匙
● 牛奶1.5大匙

作法

❶ 蘋果蓋上保鮮膜以微波爐加熱30秒。
❷ 攪拌鬆餅粉與牛奶，再加入作法 ❶ 繼續攪拌。
❸ 將烹飪用紙鋪在耐熱盤上，用湯匙將作法 ❷ 分成4次倒在上面，蓋上保鮮膜以微波爐加熱1分鐘。

Friday
星期五

紅白蘿蔔果凍

牛肉萵苣麵線

不會溶化可做為外出野餐小點！

紅白蘿蔔果凍

材料 B 紅白蘿蔔湯 ＋ ● 寒天條10g

1份

作法

❶ 取較大的耐熱容器，放入紅白蘿蔔湯、寒天條，不蓋保鮮膜以微波爐加熱2分鐘使其融解。放入容器冷卻定型。

中華風味讓人食指大動

牛肉萵苣麵線

材料 A 麵線　E 牛紅肉薄片

90g

10g

＋
- 萵苣10g（1/4片）
- 麻油少許
- 醬油少許
- 醋少許

作法

❶ 萵苣切成長1cm的細條。

❷ 將麵線用水沖過，放上牛肉薄片與作法 ❶ ，蓋上保鮮膜以微波爐加熱2分～2分30秒，加進麻油、醬油與醋攪拌。

1歲~1歲6個月左右

咀嚼期

為寶寶自己吃加油！媽媽轉為輔助角色

副食品即將畢業

會有要吐出來的反應也是學習的過程
大口大口吃

稍快的寶寶1歲，稍慢的寶寶1歲6個月左右開始進展到幼兒食品

在此時期，要讓寶寶利用各種口感及硬度的食物，一面調整咀嚼方法一面練習吃東西！一天三次能用咬食的副食品可以吃得夠多，點心一天一到兩次，可以用杯子喝300～400ml的配方奶或牛奶，就代表寶寶可以從副食品畢業了。到1歲6個月之前要進展到幼兒食品。幼兒料理主要內容與咀嚼期類似，只要注意調味要清淡，然後慢慢增加硬度與量即可。

可以練習用湯匙吃

能自己一個人用湯匙吃飯大概要到2～3歲左右。1～2歲時由大人幫忙，同時慢慢練習即可。

用手抓握還是基本

1～2歲還是以用手抓握食物吃為主。讓寶寶多多練習，放太多食物到嘴巴差點要吐出來，或是掉下去等等，透過這些經驗來學習抓準一口的量。

要在哪裡吃呢？

這個時期寶寶在用餐中站起來，或是無法專心吃飯等令人煩惱的症狀愈來愈多。所以許多家庭都會選擇寶寶無法一個人站立起來的椅子。

- 調整桌子高度 讓寶寶手肘可以碰到桌子

  調節桌子高度，讓寶寶可以順暢地把食物送到口中。

- 腳掌可以出力

  寶寶的腳踩在地板或踏板上沒有騰空，就可以在安定的狀態下吃東西。

寶寶的舌頭能自由自在活動，
但咬力仍不足！
寶寶會用門牙咬斷，
用牙床咀嚼食物

所以必須要調理成
能以咬食
如肉丸子般的硬度！

偏軟的肉丸子或是迷你漢堡肉，甜煮紅蘿蔔等，大約要是可以用咬食的硬度。形狀的話，要作成可用手抓握或是可用門牙咬斷的扁平狀來讓寶寶練習。

張開嘴巴
大口咬咬

該什麼時間給寶寶吃呢？

・更加意識早午晚三餐
・開始也需要吃點心

能跟家人一起三餐規律進食是最理想的。當然還可以繼續餵母乳，但是如果不太吃副食品，體重成長也不太理想的話，還是要毅然決然地替寶寶斷奶。1歲以後點心可以一天一到兩次，且盡量選擇可以補充營養的點心。

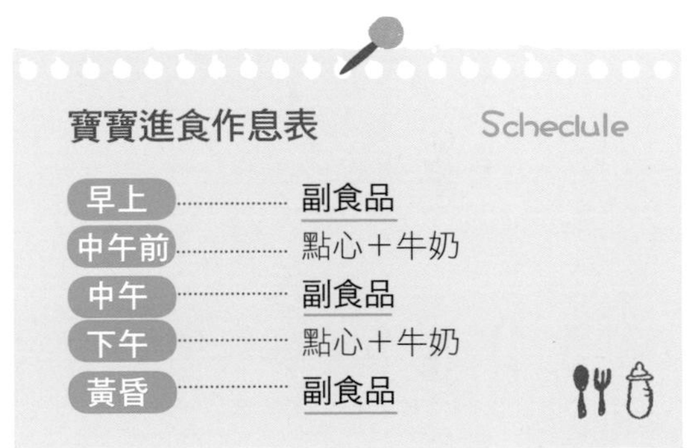

寶寶進食作息表 Schedule

早上	副食品
中午前	點心＋牛奶
中午	副食品
下午	點心＋牛奶
黃昏	副食品

咀嚼期的冷凍處理方法

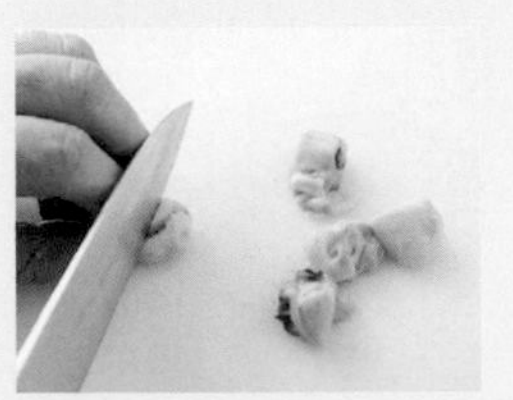

切成一口大小

蔬菜、豆腐、魚跟肉等都切成1cm左右方塊的大小。也可以稍微煎過後再冷凍。

以完成時的狀態冷凍

不管是香煎小點或飯糰、肉丸子等，調理完成後再冷凍比較輕鬆！

只拿出所需量

將食材全部放進冷凍密封袋中冷凍，要使用時只取出所需量也是很方便的方法。

一餐份的形狀與硬度

米(粥)、紅蘿蔔、哈密瓜、豆腐大比較

前半

米

軟飯

以米1：水3～2的比例煮，給寶寶吃的量為90g。

紅蘿蔔

紅蘿蔔塊

將紅蘿蔔30g煮到軟後切成1cm方塊，加入蔬菜湯至淹蓋住紅蘿蔔燉煮，也可以加微量的鹽或醬油(也可以用高湯煮)。

哈密瓜

哈密瓜絲

將熟透的哈密瓜果肉10g切成絲。

豆腐

豆腐排

將木棉豆腐50g切成一半的厚度，加1小匙奶油稍微炒一下，再用1/2小匙醬油調味。

咀嚼期副食品適當的量是多少？

- 熱量來源食品……
  軟飯90g→飯80g
- 維生素、礦物質來源食品
  蔬菜＋水果40g→50g
- 蛋白質來源食品……
  豆腐50g→55g
  (魚或肉的話為15g→20g)

每個寶寶食量都不同，就算沒有吃到參考量，只要寶寶看起來有精神，體重有照著成長曲線增加，就可以判斷是寶寶本身的食量比較少而已。主食吃得比較少的寶寶，可以添加飯糰或藷類當點心。不過注意不要影響到下一餐。

後半

米

飯

米1：水1.2來煮，如果寶寶吃得不太順，也可以煮得稍軟一點。吃的量為80g。

紅蘿蔔

紅蘿蔔棒

將紅蘿蔔40g切成較短的棒狀，加入蔬菜湯至淹蓋住紅蘿蔔燉煮，也可以加微量的鹽或醬油（也可以用高湯煮）。

哈密瓜

哈密瓜條

將熟透的哈密瓜果肉10g切成細條。

豆腐

豆腐排

將日式烤豆腐（註：台灣的話應該可以選擇較軟的豆乾）55g切成一半的厚度，加1小匙奶油將兩面稍微炒一下，再用1/2小匙醬油調味。

晉級！

可以進入幼兒食品了！

☑需要的營養大部分都能夠從飲食中攝取。
☑可以用杯子喝配方奶或牛奶
☑會用門牙咬斷，或咬食食物

如果寶寶已經習慣可用咬食的硬度，也能吃到3餐的話就可以從副食品畢業了。

1歲~1歲6個月左右

咀嚼期第1週

讓寶寶挑戰新食材，鍛鍊咬力！

咀嚼期只要將食材處理成適當的大小，寶寶已經幾乎可以吃跟大人一樣的食物。小芋頭、竹莢魚、玉米醬等。讓寶寶挑戰新的食材，鍛鍊咬力吧！因此還是要繼續提供寶寶可用手抓握的菜色。

check！

☑用冷凍密封袋冷凍的食材，一餐可使用的參考量蔬菜為總共20～30g，魚或肉則為15g（請參照P.18參考量）。組合兩樣以上食材時，要調整用量來使用！

只要準備這些食材，星期一到五的份量就解決了

軟飯
比咬食期增加一次的量

水600ml　米1杯

將米1杯（200ml）與水600ml放進電鍋，跟一般白飯同樣方法煮。

90g X 7~8份

or

分成各90g裝入分裝容器，或用保鮮膜包好冷凍。

如果電鍋容量可達5杯米以上，也可以一次煮兩倍的量（米2杯 與 水1200ml / 14~16份）

菠菜
煮軟切碎的話莖部也可使用

100g（1/2小把）

用滾水煮至軟，以1cm左右的幅度縱橫切碎，然後去除多餘水分。莖部也可以使用。

每次使用30~40g以內

放進冷凍密封袋中冷凍。使用時取出所需量即可。

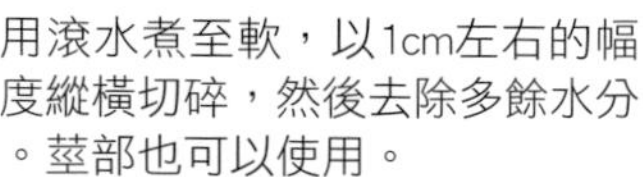

小芋頭
微波加熱即可輕鬆剝皮！

100g（1大個）

徹底清洗後連皮直接用保鮮膜包起來，用微波爐加熱2分鐘。剝皮後裝進袋裡大略壓碎。

每次使用30~40g以內

壓平後冷凍。使用時取出所需量即可。

用微波爐加熱後就可以輕易地把皮剝下來。不會造成浪費！而且手也不會癢。

玉米醬
盡量選擇
無添加的罐頭

玉米醬有剩下的話，可以做成1杯媽媽的玉米湯，或是與歐姆蛋或炒嫩蛋攪拌都很美味！

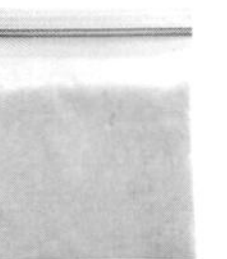

使用1小罐（190g）中的100g。如果覺得玉米粒的皮比較多，可以過濾掉。

放進冷凍密封袋中冷凍。使用時取出所需量即可。

豬絞肉
寶寶吃的要
挑少脂肪
的紅肉

每次使用15~20g以內

加水1大匙、太白粉1/2小匙、醬油1滴充分攪拌，蓋上保鮮膜以微波爐加熱40秒～1分鐘後，用叉子把肉細細弄散。

放進冷凍密封袋中冷凍。使用時取出所需量即可。

竹莢魚
請魚店老闆
把魚切成
左右兩片去骨

每次使用15~20g以內

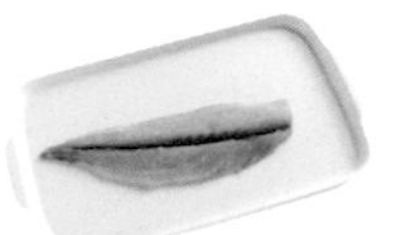

剝去其中一片（50g）的皮，從兩側下刀把中央的小骨頭挑起，灑上水1大匙，蓋上保鮮膜以微波爐加熱40秒～1分鐘後把肉大略弄散。

放進冷凍密封袋中冷凍。使用時取出所需量即可。

與家中既有食材搭配

- **美式鬆餅粉** 加入蔬菜就可做成健康蒸糕。用微波加熱輕鬆方便！
- **番茄** 去籽去皮切成1cm左右方塊。全熟較甜比較適合。
- **紅蘿蔔** 切成細棒狀或1cm厚的圓片，很適合給寶寶拿來做用門牙咬斷的練習。
- **四季豆** 用滾水煮軟，切成2～3cm長，讓寶寶容易用手抓握。
- **魩仔魚乾** 在咀嚼期也可以拿來給寶寶補充鈣質，家中常有存貨的話很方便。
- **牛奶** 調理用的話可添加達90ml。加在蒸糕中可提升營養價值！
- **原味優格** 跟魚或肉攪拌可掩蓋乾乾粉粉的口感。
- **起司粉** 撒在加奶燉煮料理上可增添濃郁口感。用量為1小匙以下。
- **披薩用起司** 用烤箱或微波爐加熱都可簡單融解，可加在料理中一起烤。
- **柴魚** 是可增添鮮味的好用食材。加在蔬菜中即可做成和風沙拉。
- **蔬菜湯** （參照P.37）
- **太白粉** ● **醬油** ● **橄欖油** ● **麻油**

Monday
星期一

加熱後
馬上完成一餐！

番茄柴魚沙拉

竹筴魚菠菜拌飯

少許的柴魚就能輕鬆增添風味

番茄柴魚沙拉

材料
- 番茄　半圓形2片
- 柴魚　少許

作法

❶ 番茄去籽去皮切成1cm方塊，取20g（4小匙）撒上柴魚。

野菜風味 寶寶也能輕鬆完食

竹筴魚菠菜拌飯

材料

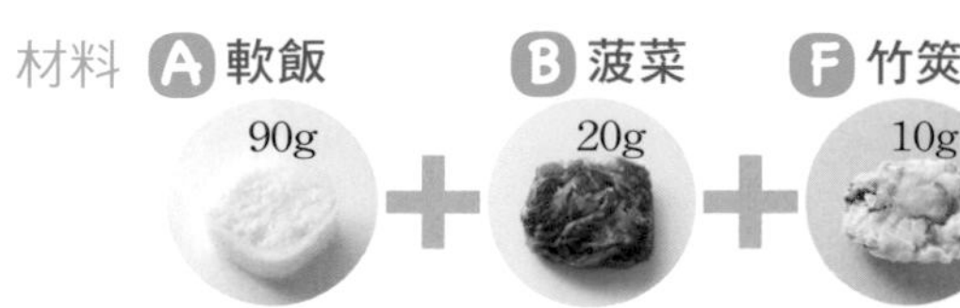

＋ 醬油少許

作法

❶ 將菠菜、竹筴魚加入軟飯中蓋上保鮮膜以微波爐加熱2分～2分30秒，加入醬油攪拌。

Tuesday
星期二

軟飯

放上起司微波加熱！沒點子時很方便的「起司燒」

起司烤菠菜

小芋頭肉丸子

加水微波加熱 水分不流失

軟飯

材料 A 軟飯

90g

作法

❶ 將1小匙水加入軟飯中，蓋上保鮮膜以微波爐加熱2分鐘。

方便寶寶手抓的小丸子

小芋頭肉丸子

材料 C 小芋頭

20g

＋

E 豬絞肉

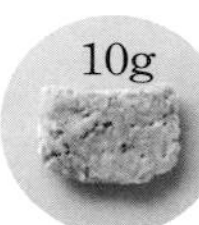
10g

作法

❶ 將小芋頭、豬絞肉蓋上保鮮膜，以微波爐加熱40秒～1分鐘後攪拌。

❷ 分成8等分放在保鮮膜上包成小籠包狀。

微波加熱不讓寶寶等！

起司烤菠菜

材料 B 菠菜

20g

＋ ● 披薩用起司1小匙

作法

❶ 將起司放在菠菜上，以微波爐加熱30～40秒。（或放入烤箱加熱烤至起司融化）

Wednesday
星期三

玉米湯

用湯匙煎成一口
大小就是煎餅

菠菜絞肉煎餅

溫和口味餐桌常客

玉米湯

材料 D 玉米醬

＋ ● 牛奶2大匙
● 蔬菜湯

作法

❶ 玉米醬、牛奶、蔬菜湯一起放入耐熱容器裡，不蓋保鮮膜以微波爐加熱1分30秒。

香酥煎餅擺脫一成不變口味

菠菜絞肉煎餅

材料 A 軟飯　B 菠菜　E 豬絞肉

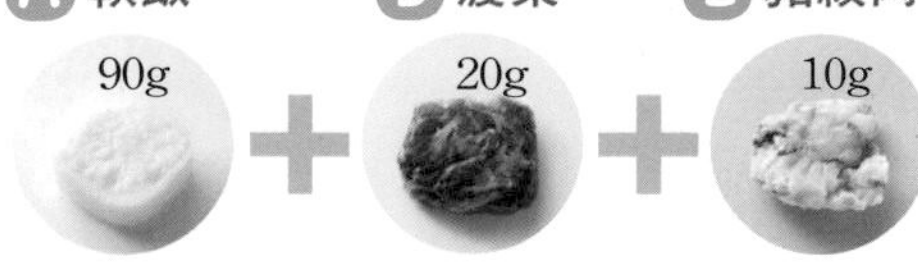

＋ ● 麻油少許

作法

❶ 菠菜、絞肉加入軟飯中，蓋上保鮮膜以微波爐加熱2分鐘後攪拌。

❷ 用平底鍋預熱麻油，將作法 ❶ 用湯匙挖成一口大小，倒進平底鍋將兩面煎熟。

Thursday
星期四

菠菜魩仔魚沙拉

軟飯

玉米煮小芋頭義大利麵疙瘩

量可配合寶寶食慾調整

軟飯

材料 A 軟飯

90g

作法

❶ 將1小匙水加入軟飯中，蓋上保鮮膜以微波爐加熱2分鐘。

補充容易缺乏的鐵質與鈣質

菠菜魩仔魚沙拉

材料 B 菠菜

20g

＋

- 魩仔魚乾10g
- 橄欖油少許

作法

❶ 菠菜蓋上保鮮膜，以微波爐加熱30～40秒後，去除多餘水分。加入魩仔魚乾、橄欖油攪拌。

QQ口感寶寶也一口接一口

玉米煮小芋頭義大利麵疙瘩

材料 C 小芋頭 ＋ D 玉米醬

20g

20g

＋

- 牛奶2大匙
- 太白粉1大匙
- 起司粉少許

作法

❶ 小芋頭蓋上保鮮膜以微波爐加熱30～40秒，拌入太白粉捏成一口大小的圓球，再壓成扁平狀。

❷ 平底鍋預熱將作法 ❶ 兩面煎熟，加入玉米醬、牛奶煮後，裝盤撒上起司粉。

Friday
星期五

玉米蒸糕

蒸糕適合當
手抓菜色也
適合當點心

魚香沾醬與蔬菜棒

淡淡甜味也適合當作外出點心

玉米蒸糕

材料 D 玉米醬

＋
- 鬆餅粉3大匙
- 牛奶1大匙

作法

❶ 玉米醬蓋上保鮮膜以微波爐加熱30～40秒。

❷ 將小紙杯塞進矽膠小杯中，然後將作法 ❶ 加入鬆餅粉與牛奶攪拌後倒入，蓋上較大的耐熱容器以微波爐加熱1分30秒。

優格風味的奶香新鮮魚肉

魚香沾醬蔬菜棒

材料 F 竹莢魚

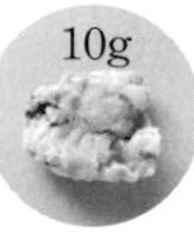

＋
- 原味優格1大匙
- 醬油少許
- 紅蘿蔔15g（2.5cm方塊1塊）
- 四季豆15g（1根）

作法

❶ 竹莢魚蓋上保鮮膜以微波爐加熱30～40秒。

❷ 將原味優格放在烹調用廚房紙巾上去除多餘水分，加入作法 ❶ 攪拌，滴上醬油。

❸ 將紅蘿蔔切成棒狀，四季豆切成3cm長，煮軟後裝盤放在作法 ❷ 旁邊，邊沾邊給寶寶吃。

Memo

用鬆餅粉輕鬆做蒸糕

蒸糕會膨脹所以不能蓋保鮮膜加熱。為了防止麵糰乾燥，蓋上玻璃製的耐熱碗是不錯的方法。如果沒有這種容器的話，標示「可微波」，較大的耐熱容器或是盒子也可以。

\1歲~1歲6個月左右/

咀嚼期第2週

西式義大利麵、和式煎餅 變換口味創造新鮮感

嚼起來很有口勁的義大利麵很受這個時期的寶寶歡迎。把麵煮得軟軟加上牛奶或番茄、蔬菜湯一起烹煮就可以增加西式菜色的多樣性。

只要準備這些食材，星期一到五的份量就解決了

迷你螺旋麵
「快煮型」短時間就可以煮軟

乾麵100g

用不加鹽的滾水煮軟，要煮得比包裝標示的時間久，用濾網撈起，如果太長的話切成1～2cm長。

約100g X 3份

分成各100g裝入分裝容器，或用保鮮膜包好冷凍。

煎飯餅
煎香香還可以用手抓握

軟飯180g
菠菜30g
魚勿仔魚乾20g

將煮軟且切碎的菠菜，還有已去鹽分的魩仔魚乾加進軟飯中攪拌，捏成一口大小的球狀後再輕輕壓扁。以平底鍋預熱沙拉油將兩面煎熟。

約2份

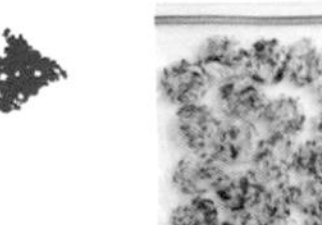

放進冷凍密封袋中冷凍。每次取出1份使用。

可以一次攝取飯、蔬菜跟蛋白質，是營養滿分的一道菜，可以帶出去野餐，也可以煮成粥等。

綠花椰菜
微波加熱輕輕鬆鬆！

小株100g

加水1/2杯以及1小搓鹽蓋上保鮮膜包起來，用微波爐加熱4分鐘。去多餘水分切成1cm大小。(或入滾水中煮至軟。)

每次使用30~40g以內

冷凍。使用時取出所需量即可。

金針菇
切成1cm長，
淋上油後
微波加熱

金針菇、香菇、鴻喜菇等菇類食品都可以冷凍！

切成1cm長，淋上1/2小匙沙拉油後蓋上保鮮膜以微波爐加熱1分鐘。

放進冷凍密封袋中冷凍。使用時取出所需量即可。

鮭魚片
要選擇生鮭魚
不行是醃的！

生鮭魚去皮去骨切成7mm方塊，加水1大匙蓋上保鮮膜以微波爐加熱40秒～1分鐘。（註：或用電鍋外鍋加0.5杯水蒸熟。）

放進冷凍密封袋中冷凍。使用時取出所需量即可。

薄豬肉片
蓋上保鮮膜
冷卻
就不會乾燥

每次使用15~20g以內

撒上薄薄太白粉，放進快要沸騰的熱水中煮熟，然後鋪在濾網上。蓋上保鮮膜冷卻，切成1cm長細條。

放進冷凍密封袋中冷凍。使用時取出所需量即可。

與家中既有食材搭配

- **軟飯**　含較多水分的飯。硬度須配合寶寶咬力來調整。
- **紅蘿蔔**　切成1cm方塊即可。用高湯或蔬菜湯煮軟就很美味。
- **小黃瓜**　去皮後切成棒狀，剛好適合寶寶用手抓握著吃。
- **小番茄**　甜味較強，1顆使用起來就很方便。記得要去籽去皮。
- **番茄汁**　可用於義大利麵或湯品中，只需少量時可選擇罐裝番茄汁。
- **蛋**　咀嚼期前半可吃1/2個全蛋，後期可吃到2/3個。
- **牛奶**　1歲之後可以代替母乳或配方奶。
- **起司粉**　可撒在完成的義大利麵上。注意不要不小心撒太多。
- **柴魚**　是可增添鮮味的好用食材。如果有點大片的話可以用手捏碎。
- **高湯**　（參照P.37）
- **蔬菜湯**　（參照P.37）
- **太白粉**　● **白芝麻粉**　● **醬油**　● **砂糖**　● **鹽**

Monday
星期一

金針菇紅蘿蔔湯

加熱後
馬上完成一餐！

鮭魚綠花椰菜
奶油義大利麵

茹類鮮味讓湯汁更濃郁

金針菇紅蘿蔔湯

材料 D 金針菇

＋
- 紅蘿蔔20g（2個2cm方塊）
- 蔬菜湯1/4杯

作法

1. 紅蘿蔔切成1cm方塊。
2. 將金針菇、蔬菜湯以及作法 ❶ 放入小鍋，煮到軟即可。

加上鹽跟胡椒，媽媽也覺得美味

鮭魚綠花椰菜奶油義大利麵

材料 A 迷你螺旋麵 C 綠花椰菜 E 鮭魚片

＋
- 牛奶1/2杯
- 起司粉1小匙

作法

1. 將螺旋麵、綠花椰菜、鮭魚片放入較大的耐熱容器中，加入牛奶，撒上起司粉，蓋上保鮮膜以微波爐加熱3分鐘後攪拌。

Tuesday
星期二

煎飯餅滑蛋粥

只要有蔬菜、高湯和蛋，普通的軟飯也可以做

綠花椰菜拌芝麻

煎飯餅燉煮就立刻變身成粥

煎飯餅滑蛋粥

材料 B 煎飯餅 1份

＋ D 金針菇 10g

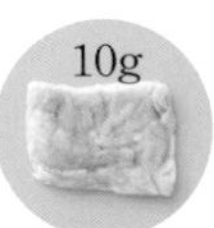

＋
- 蛋汁1/4個份
- 高湯1/4杯

作法

❶ 將煎飯餅、金針菇、高湯放入小鍋中以較弱的中火煮滾，倒下蛋汁煮熟。

慢慢讓寶寶攝取對身體好的芝麻

綠花椰菜拌芝麻

材料 C 綠花椰菜 20g

＋
- 高湯1小匙
- 白芝麻粉1小匙
- 醬油少許

作法

❶ 將綠花椰菜蓋上保鮮膜，以微波爐加熱30～40秒，加入高湯、芝麻、醬油攪拌。

綠花椰菜牛奶湯

糖果型飯糰外出時也方便

金針菇鮭魚飯糰

Wednesday
星期三

牛奶味的湯品可增加乳製品的攝取

綠花椰菜牛奶湯

材料 C 綠花椰菜  20g ＋ ● 牛奶3大匙 ● 鹽1小搓

作法

1. 將牛奶、鹽加入綠花椰菜中，不蓋保鮮膜以微波爐加熱1分鐘。（或直接入小鍋中煮滾。）

打開後直接丟入口中方便無比

金針菇鮭魚飯糰

材料 D 金針菇  10g ＋ E 鮭魚片  10g

＋ ● 軟飯90g ● 醬油少許 ● 砂糖1小搓

作法

1. 將醬油、砂糖加進金針菇、鮭魚片中，蓋上保鮮膜以微波爐加熱30～40秒。
2. 將作法 ❶ 加入軟飯中攪拌，放在切成長方形的保鮮膜上，旋轉保鮮膜擠出小飯糰。

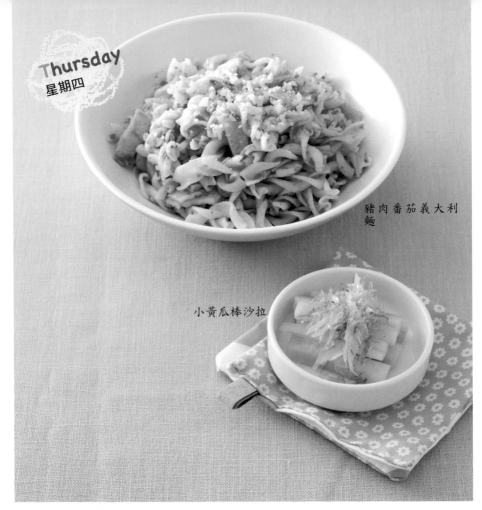

Thursday
星期四

豬肉番茄義大利麵

小黃瓜棒沙拉

用無添加番茄汁輕鬆調味

豬肉番茄義大利麵

材料 A 迷你螺旋麵 ＋ F 薄豬肉片

100g

10g

＋
- 番茄汁1/4杯
- 起司粉1小匙

作法

❶ 將螺旋麵、薄豬肉片放入較大的耐熱容器中，加入番茄汁，蓋上保鮮膜以微波爐加熱3分鐘後攪拌。裝盤後撒上起司粉。

邊吃義大利麵邊用手抓著咬

小黃瓜棒沙拉

材料
- 小黃瓜20g（1/5根）
- 柴魚少許

作法

❶ 小黃瓜削皮切成3～4cm長，縱切成6等分，再撒上柴魚。

Friday
星期五

加上番茄就是不輸給大人料理的清淡煮物

綠花椰菜煮豬肉

煎飯餅

用青菜、小魚、海藻製作健康拌飯

積極地添加平時容易缺乏的青菜（菠菜、小松菜）、小魚（各種硬度的魩仔魚乾等）、海藻類（海帶芽、羊栖菜）等食材，拌飯就是補充鐵質、鈣質的好機會！仔細攪拌的話寶寶也容易入口。用醬油、麻油調味做成大人版的拌飯，就可以跟寶寶一起享受「看起來一樣的親子餐」！

番茄與高湯是添加鮮味的最強搭擋

綠花椰菜煮豬肉

材料 C **綠花椰菜**  F **薄豬肉片**

20g

10g

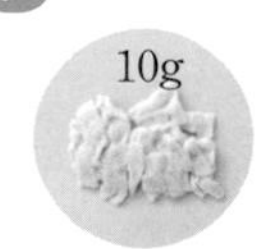

＋ ● 小番茄汁1個 ● 高湯2大匙 ● 太白粉1/2小匙 ● 醬油少許

作法

1. 小番茄切半去籽。
2. 將太白粉撒在綠花椰菜與薄豬肉片上，加上作法 ❶ 與高湯蓋上保鮮膜以微波爐加熱1分30秒，再將番茄剝皮加進去攪拌，最後滴上醬油。

拯救忙碌或沒有食材時的危機

煎飯餅

材料 B **煎飯餅**

1份

作法

1. 將煎飯餅蓋上保鮮膜以微波爐加熱2分鐘。（或直接置於鍋中乾煎至熟）

1歲~1歲6個月左右

咀嚼期第3週

跟大人一樣菜色媽媽輕鬆，寶寶開心！

這週增加了許多大人也可以一起吃的菜色，例如吐司披薩、三明治、蒸飯、米飯可樂餅等。將大人吃的份多做一些，最後調整一下調味就可以一同享受親子菜色！

只要準備這些食材，星期一到五的份量就解決了

A 吐司

整片冷凍好調理

8片切的3片

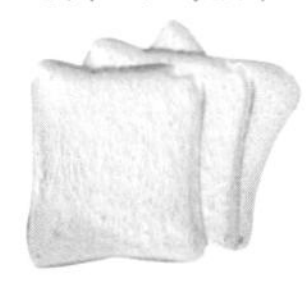

不切片直接冷凍，這樣要做成捲三明治或可愛造型就很方便。

約1片 X 3份

放進冷凍密封袋中冷凍。每次取出1片(40~50g)使用。

B 地瓜鮪魚蒸飯

做成方便入口的球狀再冷凍

米1杯
鮪魚罐頭80g(1罐)
地瓜100g(1/3根)

將米1杯放入電鍋，加入比1刻度稍微多一點的水，然後將剝皮切成1cm方塊的地瓜與鮪魚罐頭連汁一起倒入電鍋煮。

90g X 6份

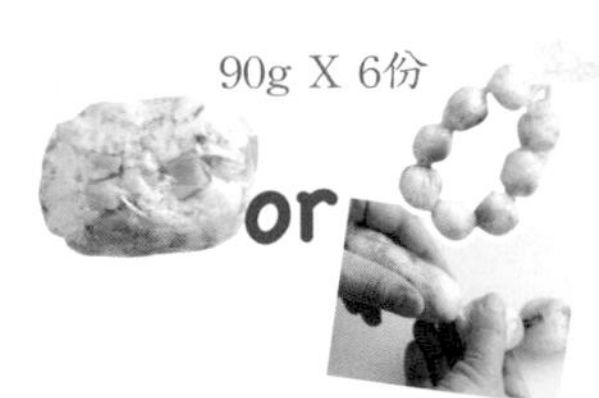

將一次的份（90g）分成小量放在保鮮膜上，旋轉保鮮膜作成連在一起的小飯糰。或者是將一份整個用保鮮膜包起來。

C 綜合蔬菜絲

萬能食材可用於湯、燴菜、沙拉

高麗菜50g(中型1片)
紅蘿蔔50g(1/2小根)

將高麗菜、紅蘿蔔切絲蓋上保鮮膜以微波爐加熱2分鐘後去多餘水分。(亦可用電鍋蒸熟、或是入小鍋中煮軟。)

每次使用30~40g以內

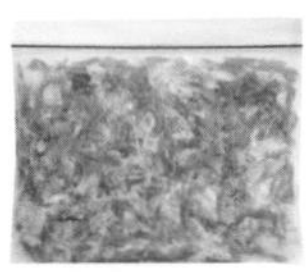

放進冷凍密封袋中冷凍。使用時取出所需量即可。

奇異果
直接切成半圓形排進袋子裡

1個

每次使用10g以內

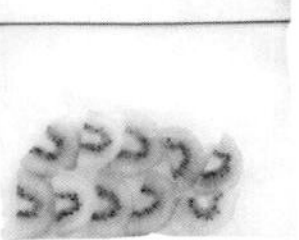

去皮後縱切兩半，再切成7mm厚度。不喜歡有籽的話可以去掉。

放進冷凍密封袋中冷凍。使用時取出所需量即可。

雞腿肉
連蒸汁一起冷凍就不會乾澀

50g（1/4小片）

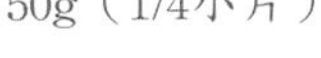

每次使用15~20g以內

用微波爐加熱的話鮮味不會流失！蓋著保鮮膜冷卻就可以防止肉質乾澀。

將皮與脂肪去除，蓋上保鮮膜以微波爐加熱1分30秒。直接冷卻再切成薄片。（或用電鍋外鍋加1杯水蒸熟。）

放進冷凍密封袋中冷凍。使用時取出所需量即可。

蛋絲
用薄煎蛋切成細絲

蛋1個

每次使用1/2~2/3的量以內

一次多做一點，也可以拿來做大人吃的散壽司或沙拉、涼麵等料理的配料。

把蛋打散、加上少許鹽跟砂糖攪拌，用平底鍋煎成薄片，再切成細絲。

放進冷凍密封袋中冷凍。使用時取出所需量即可

與家中既有食材搭配

- **小番茄** 去籽去皮切薄片，切成1～2cm大。可用於沙拉或麵包。
- **茄子** 含較多水分的飯。硬度須配合寶寶咬力來調整。去皮厚切成方便食用的大小。煮軟或烤都可以。
- **綠蘆筍** 切除根部，切成斜薄片。
- **香蕉** 切成一口大小，做成寶寶最喜歡的甜點！
- **乾海帶芽片** 可以將乾海帶芽泡水使其發開，也可以將鹽味海帶用水洗過去鹽分。
- **木棉豆腐** 要作豆腐排的話，必須選擇形狀比較能固定的木棉豆腐。
- **魩仔魚乾** 少量的話放茶葉濾網中，倒滾水來去鹽比較方便。
- **牛奶** 可用於可樂餅的麵衣或拿來溶解韓國煎餅粉。
- **起司粉** 跟可樂餅的麵衣攪拌就變成起司口味。少量效果也很好！
- **披薩用起司** 是作吐司披薩不可或缺的材料。使用量為1小匙為止。
- **高湯** （參照P.37）
- **蔬菜湯** （參照P.37）
- **太白粉** ● **麵粉** ● **麵包粉** ● **咖哩粉** ● **白芝麻粉**
- **番茄醬** ● **橄欖油** ● **沙拉油** ● **醬油** ● **砂糖** ● **醋**

Monday
星期一

加熱後
馬上完成一餐！

吐司披薩

香煎雞排佐奇異果沾醬

番茄酸味與起司鹹味是最佳拍檔

吐司披薩

材料 

1片

- 番茄圓片2片
- 披薩用起司1小匙

作法

❶ 吐司切成6等分，將番茄去籽去皮切成一口大小，放在吐司上。撒上披薩用起司，入烤箱烤2～3分。

酸甜水果沾醬增添時尚感

香煎雞排佐奇異果沾醬

材料 

D 奇異果
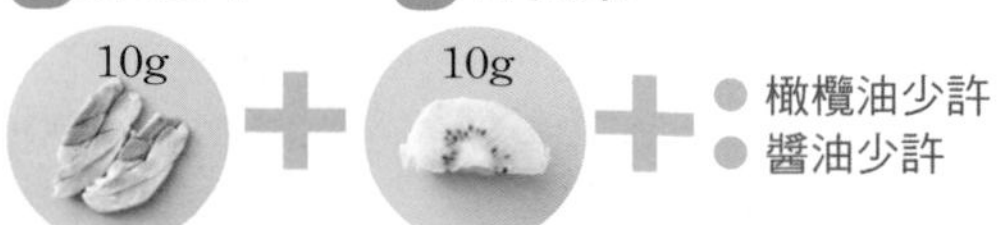

- 橄欖油少許
- 醬油少許

作法

❶ 平底鍋內預熱橄欖油，冷凍雞肉直接放入鍋中煎至焦黃，滴上醬油。

❷ 奇異果蓋上保鮮膜，以微波爐加熱30～40秒後壓碎倒在作法 ❶ 上。

Tuesday
星期二

豆腐排燴蔬菜

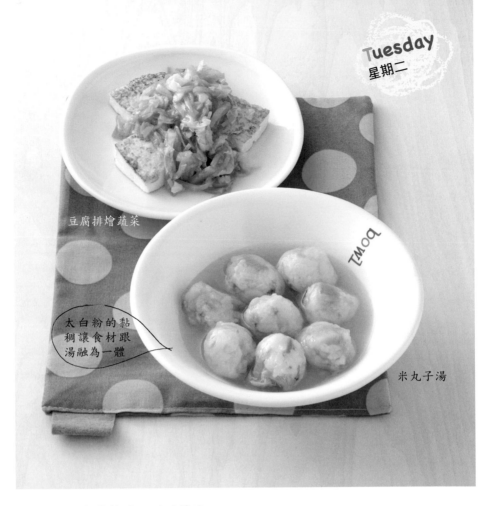

太白粉的黏稠讓食材跟湯融為一體

米丸子湯

大人料理也好用！蔬菜滿點甜醋芡汁

豆腐排燴蔬菜

材料 Ⓒ 綜合蔬菜絲 30g

＋
- 木棉豆腐40g
- 醬油少許
- ★
  - 砂糖1/4小匙
  - 醋1/2小匙
  - 高湯2大匙
  - 太白粉少許

作法

1. 豆腐大略去水分後滴上醬油。用平底鍋將兩面煎黃後裝盤。
2. 將冷凍的綜合蔬菜絲直接放入作法❶的鍋中邊炒邊解凍，再加入★攪拌，倒在作法❶上。

冷凍狀態直接撒粉勾芡

米丸子湯

材料 Ⓑ 蒸飯飯糰 1份

＋
- 太白粉適量
- 蔬菜湯1/2杯

作法

1. 將蒸飯飯糰在冷凍狀態下直接撒上太白粉。
2. 用小鍋把蔬菜湯煮滾，加入作法❶邊解凍邊煮。

Wednesday
星期三

要讓食慾大大提升，可愛外形也很重要！

棒棒雞沙拉

花瓣奇異果醬三明治

Memo

剩下吐司的解決方法

切成花瓣狀後剩下的吐司可以作成麵包粥或是法國吐司（請參照P.105）

3種冷凍食材變身多彩沙拉

棒棒雞沙拉

材料 Ⓒ綜合蔬菜絲 30g ＋ Ⓔ雞腿肉 10g ＋ Ⓕ蛋絲 5g

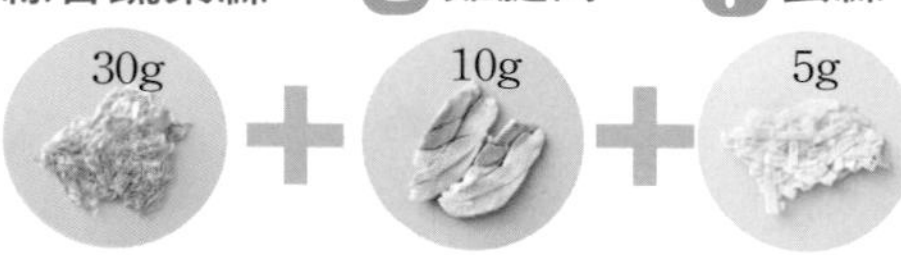

＋★
- 白芝麻粉1/2小匙
- 醬油1/4小匙
- 醋1/2小匙

作法

❶ 將綜合蔬菜絲、雞腿肉、蛋絲一起蓋上保鮮膜以微波爐加熱1分鐘，加進★攪拌。

清爽甜味令人食指大動

花瓣奇異果醬三明治

材料 Ⓐ吐司 1~2片 ＋ Ⓓ奇異果 20g ＋ ● 砂糖1/4小匙

作法

❶ 將吐司用模型切成花瓣狀（共40~50g）。

❷ 將砂糖撒在奇異果上，蓋上保鮮膜以微波爐加熱30～40秒後壓碎，夾在作法❶中。

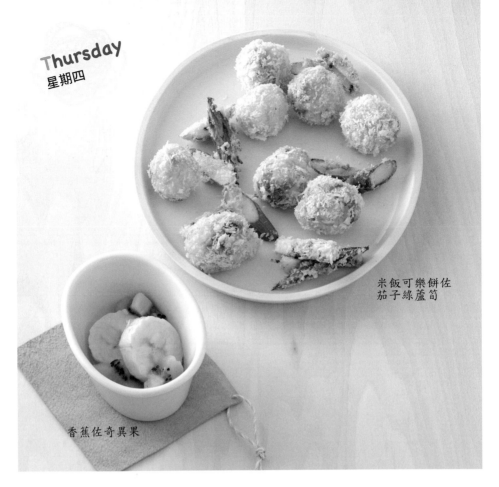

Thursday
星期四

米飯可樂餅佐
茄子綠蘆筍

香蕉佐奇異果

用烤箱製作非油炸可樂餅

米飯可樂餅佐茄子綠蘆筍

材料 B 蒸飯飯糰 ＋

30g

- 茄子10g（1/8個）
- 綠蘆筍10g（1/2根）
- 牛奶1大匙
- 麵粉1/2大匙
- ★ 起司粉1小匙
- ★ 麵包粉2大匙
- ★ 咖哩粉少許

作法

1. 茄子去皮切成棒狀，蘆筍斜切7mm長。
2. 先將牛奶與麵粉攪拌後塗在蒸飯飯糰與作法 ❶ 上，然後加上★攪拌後再塗。塗完後不蓋保鮮膜以微波爐加熱1分鐘。
3. 將作法 ❷ 排在烤箱中烤8～10分鐘。

酸甜的最佳組合

香蕉佐奇異果

材料 D 奇異果

10g

＋ ● 香蕉10g（1/10小根）

作法

1. 奇異果蓋上保鮮膜，以微波爐加熱30～40秒後切對半。將香蕉切成圓片一起裝盤。

Friday
星期五

海帶芽蛋絲湯

麵粉與牛奶做的韓國煎餅可依喜好添加配料營養滿分

蔬菜絲韓國煎餅

完成時加進蛋絲讓色彩明亮

海帶芽蛋絲湯

材料 F 蛋絲 

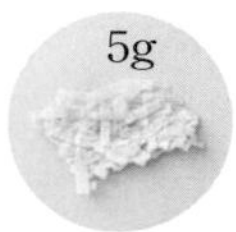

- 乾海帶芽片少許
- 蔬菜湯1/2杯
- 醬油少許

作法

1. 海帶用水泡開，取10g（1大匙）切成1cm大小。
2. 將蔬菜湯與作法 ❶ 放入小鍋煮4～5分鐘，再放入等凍蛋絲稍煮一下，最後滴上醬油。

Q軟麵皮包裹 蔬菜更好入口

蔬菜絲韓國煎餅

材料 C 綜合蔬菜絲

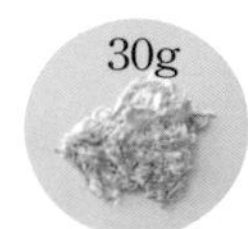

- 魩仔魚乾5g
- 牛奶2大匙
- 麵粉3大匙
- 沙拉油少許
- 番茄醬少許

作法

1. 將冷凍綜合蔬菜絲、魩仔魚乾、牛奶與麵粉加在一起充分攪拌。
2. 平底鍋預熱沙拉油，將作法 ❶ 用湯匙分成5等分倒進平底鍋煎熟兩面後裝盤，最後放上番茄醬。

1歲~1歲6個月左右

咀嚼期第4週

多一些巧思，讓寶寶覺得用餐開心！

此時寶寶已愈來愈會咀嚼，開始能夠享受用餐的樂趣。本週增加了許多色彩多樣與裝飾可愛的菜色。食材幾乎都是以完成狀態冷凍，處理時雖然較麻煩，但上桌時很輕鬆！

只要準備這些食材，星期一到五的份量就解決了

飯(稍軟)
比大人吃的飯水量稍多

水400ml　米1杯

將米1杯（200ml）與水400ml放進電鍋，跟一般白飯同樣方法煮。

80g X 6~7份

分成各80g裝入分裝容器或用保鮮膜包起冷凍。

B

馬鈴薯球
做成方便抓握的一口大小

馬鈴薯50g（約1/3個）
綠花椰菜15g

馬鈴薯連皮用保鮮膜包好，以微波爐加熱1分30 秒後剝皮壓碎。再與煮後切過的綠花椰菜與太白粉1小匙攪拌，分成12等分捏成球狀，再用平底鍋融化少許奶油後煎熟。

2份

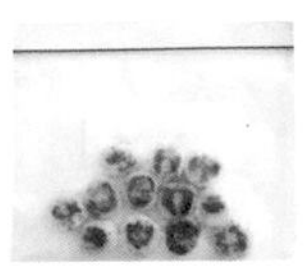

放進冷凍密封袋中冷凍。每次取出1份使用。

普羅旺斯燉菜
蔬菜水分濃縮鮮味

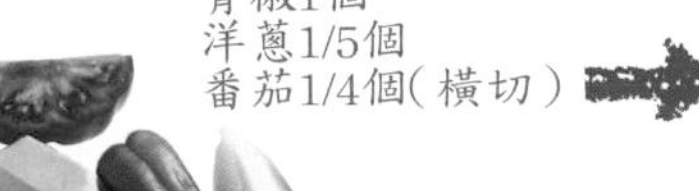

將南瓜、青椒與洋蔥切成1cm方塊，撒上橄欖油1小匙與鹽少許。番茄去籽，切面朝下放在其他蔬菜上，蓋上保鮮膜以微波爐加熱3分鐘後剝去番茄皮攪拌。

約30g X 4份

分成4等分裝入分裝容器冷凍。

將番茄切面朝下，放在其他食材上面。加熱後用筷子就可以把皮剝下，不須泡熱水！

海帶芽拌飯料

手製才有的清淡口味

乾海帶芽片（泡開後）30g
紅蘿蔔30g（1/5根）
魩仔魚乾10g（2大匙）

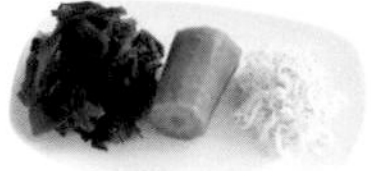

將海帶芽、紅蘿蔔切碎，再加入去過鹽分的魩仔魚乾及高湯2大匙攪拌，加上沙拉油少許，蓋上保鮮膜以微波爐加熱5分鐘。

一次使用量約為1大匙

放進冷凍密封袋中冷凍。使用時取出所需量即可。

像這種非乾糙的拌飯料不只可以拌飯，也可以用來做燴菜或湯、餛飩或餃子的餡。

青鮒魚

煎過後冷凍可去除腥味

50g（約1/3片）

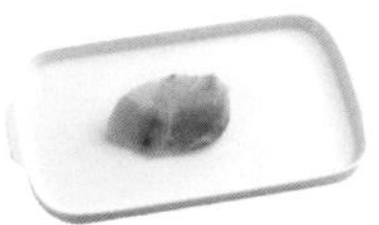

將皮與骨去除切成5等分，用平底鍋融化奶油後煎熟。

10g X 5份

放進冷凍密封袋中冷凍。使用時取出所需量即可。

肉丸子

加入豆腐增添軟綿口感

豆腐20g
混合絞肉40g

將混合絞肉、豆腐、太白粉1小匙與醬油1/2小匙加在一起充分攪拌，分成8等分作成球狀，再用滾水煮熟。

每次使用2~3個

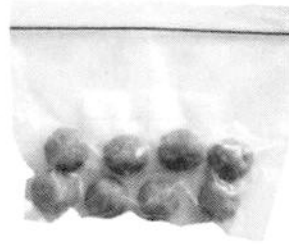

放進冷凍密封袋中冷凍。使用時取出所需量即可。

一次多做一點，也可以拿來做大人吃的番茄口味、照燒口味或燉煮、焗烤等料理。

與家中既有食材搭配

- **餛飩皮**　原料為麵粉。口感滑順大受寶寶歡迎！
- **白蘿蔔與白蘿蔔葉**　白蘿蔔泥加熱後辛辣味就會消失，口味變得溫和。
- **小黃瓜**　皮與籽都可以留下，但如果寶寶會在意的話也可清除。
- **小番茄**　比較小的橫切對半去籽後就剛好是一口大小。
- **番茄汁**　不須處理即可使用相當方便。可用於番茄口味的燉飯等。
- **海苔**　做海苔捲的秘訣是盡量捲細一點，切小一點。
- **豆腐**　表面容易孳生雜菌，所以使用時要加熱消毒才能安心。
- **牛奶**　要給寶寶一天攝取牛奶或配方奶300～400ml。也可以用湯匙餵。
- **起司粉**
- **披薩用起司**　鹽分、脂肪含量較高，用量為1小匙以下。
- **高湯**　（參照P.37）
- **蔬菜湯**　（參照P.37）
- **太白粉**　**醬油**　**砂糖**　**鹽**　**醋**

Monday
星期一

白飯

青魽魚燴白蘿蔔泥飯

海帶芽拌飯料
餛飩湯

加熱後
馬上完成一餐！

魚肉多汁清淡好入口

青魽魚燴白蘿蔔泥

材料 E 青魽魚

10g

- 白蘿蔔1cm與少許蘿蔔葉
- 砂糖1/2小匙
- 鹽一搓
- 醋少許

作法

1. 冷凍青魽魚直接放平底鍋將兩面煎熟。
2. 白蘿蔔磨泥後大概去除水分取30g，加上砂糖、鹽、醋，以微波爐加熱30秒。如果有蘿蔔葉的話煮軟切碎加入攪拌，然後倒在作法❶上面。

不必增加硬度，
選擇較軟的飯即可

白飯

材料 A 飯

80g

作法

1. 將水1小匙加入飯中蓋上保鮮膜以微波爐加熱2分鐘。

餛飩皮折起就會自動沾黏非常簡單

海帶芽拌飯料餛飩湯

材料 D 海帶芽拌飯料

100g

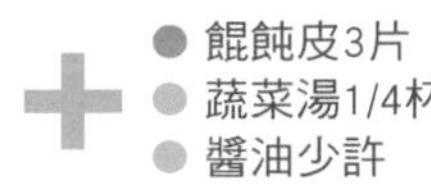

- 餛飩皮3片
- 蔬菜湯1/4杯
- 醬油少許

作法

1. 餛飩皮斜切對半，將冷凍海帶芽拌飯料分成6等分放在餛飩皮上對折包起。
2. 將蔬菜湯放進小鍋，煮滾後加入作法❶與醬油繼續煮。

Tuesday
星期二

也可以用於大人吃的拌飯

海帶芽拌飯

普羅旺斯燉菜肉丸

白飯吃膩了即可登場

海帶芽拌飯

材料 A 飯 80g

\+ D 海帶芽拌飯料 1大匙

作法

❶ 將海帶芽拌飯料以及水1小匙加入飯中蓋上保鮮膜以微波爐加熱2分鐘後攪拌。

只需加熱即完成的精緻料理

普羅旺斯燉菜肉丸

材料 C 普羅旺斯燉菜 30g

F 肉丸子 2個
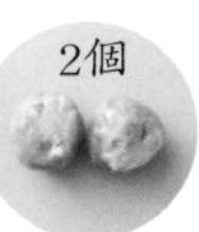

作法

❶ 將普羅旺斯燉菜與肉丸子一起蓋上保鮮膜，以微波爐加熱1分至1分30秒後攪拌。

海帶芽拌飯料燴豆腐

Wednesday
星期三

小黃瓜捲

拌飯料勾芡即成燴菜料理

海帶芽拌飯料燴豆腐

材料 D 海帶芽拌飯料 ＋

- 豆腐40g
- 高湯2大匙
- 太白粉少許

作法

1. 將豆腐蓋上保鮮膜以微波爐加熱40秒～1分鐘。
2. 將高湯、太白粉加入海帶芽拌飯料中，蓋上保鮮膜以微波爐加熱30～40秒，攪拌後倒在作法 ❶ 上面。

脆脆又充滿韻律的口感讓人一口接一口

小黃瓜飯捲

材料 A 飯 ＋

- 海苔2片（21 X 19cm的1/4片）
- 小黃瓜棒狀2根（20g）
- 小番茄1個

作法

1. 將水1小匙加入飯中蓋上保鮮膜以微波爐加熱2分鐘。
2. 將作法 ❶ 一半的量薄薄鋪在海苔上，然後在靠自己這一側放上小黃瓜1條捲起來。以同樣方法再做一條，然後切成一口大小。小番茄切成兩半去籽去皮後放在小黃瓜捲旁邊。

Thursday
星期四

馬鈴薯肉丸起司燒

白飯

牛奶普羅旺斯燉菜湯

從烤箱看加熱情況邊做調整

馬鈴薯肉丸起司燒

材料 B 馬鈴薯球 ＋ F 肉丸子

6個

2個

＋ ● 披薩用起司1小匙

作法

❶ 將冷凍馬鈴薯球跟肉丸子排在耐熱盤上，撒上起司，以烤箱烤約10分鐘（蓋上保鮮膜以微波爐加熱2分鐘也可）。

也可加上湯作成燉飯風

白飯

材料 A 飯

80g

作法

❶ 將水1小匙加入飯中蓋上保鮮膜以微波爐加熱2分鐘。

營養滿分！多種蔬菜的濃湯風料理

牛奶普羅旺斯燉菜湯

材料 C 普羅旺斯燉菜 ＋ ● 牛奶2大匙

30g

作法

❶ 將普羅旺斯燉菜與牛奶加在一起，不蓋保鮮膜以微波爐加熱40秒～1分鐘。

Friday
星期五

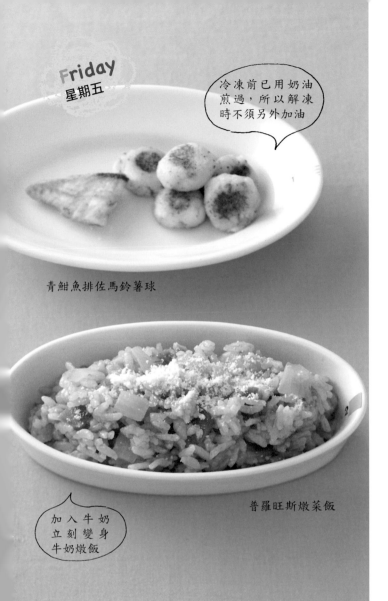

冷凍前已用奶油煎過，所以解凍時不須另外加油

青鮒魚排佐馬鈴薯球

普羅旺斯燉菜飯

加入牛奶立刻變身牛奶燉飯

用平底鍋邊解凍邊香煎

青鮒魚排佐馬鈴薯球

材料 E 青鮒魚 ＋ B 馬鈴薯球

10g

6個

作法

❶ 冷凍的青鮒魚與馬鈴薯球直接用平底鍋蓋上鍋蓋將兩面煎熟。

溫和番茄風味 寶寶大人都喜歡

普羅旺斯燉菜飯

材料 A 飯 ＋ C 普羅旺斯燉菜

80g

2個

＋
- 番茄汁2大匙
- 起司粉少許

作法

❶ 將番茄汁倒入普羅旺斯燉菜與飯中，蓋上保鮮膜以微波爐加熱3分鐘後攪拌。裝盤撒上起司粉。

大受歡迎！

拿來當招牌菜吧！「大人的普羅旺斯燉菜」

將多種蔬菜混合400g，放微波爐加熱8分鐘即可完成。冷熱皆美味，而且還可以當做義大利麵醬，或是與加上牛奶用食物調理器製成濃湯，用途自在多樣。

作法

❶ 將南瓜150g、青椒1個(40g)與洋蔥1/2個(70g)切成一口大小或1cm方塊，將1片大蒜擠碎，全部一起放進耐熱碗，撒上鹽1/2小匙、胡椒少許、橄欖油1大匙攪拌。

❷ 將番茄1個(120g)橫切兩半，去蒂頭去籽後將切面向下放在作法❶上。蓋上保鮮膜以微波爐加熱8分鐘後，用筷子剝去番茄皮，從底部攪拌。

副食品的問答集！

幼兒營養學第一把交椅的田玲子老師答覆關於副食品的疑問。

番茄、南瓜、茄子等要剝皮到什麼時候？（8個月）

番茄薄薄的皮煮也不會變軟，而且有可能會黏在喉嚨，所以到2歲左右都要去除。南瓜的話過1歲就可以不用去皮了。茄子煮得夠軟的話，1歲前就可以不用剝皮了。

一定要在固定時間給寶寶吃嗎？（7個月）

在固定時間進食能讓寶寶形成體內規律，在進食前分泌化酵素。如此一來，消化吸收就能順暢，身體也能利用必要的熱量跟營養素。因此，用餐的時間就是寶寶活潑玩樂、安穩睡眠的基礎之一。

寶寶好像不喜歡吃肉跟魚（10個月）

在寶寶臼齒長齊之前，薄肉片對寶寶來講並不好咀嚼。魚也是，肉質會粉粉的很多寶寶都不喜歡。因此調理時必須多下一點工夫，例如勾芡或是與其他食材混合等等。無論如何寶寶總有一天會能夠吃的，所以不須強迫寶寶。

什麼時候可以給寶寶吃生菜?（9個月）

生菜較硬，且往往含有許多纖維難以咬斷，對於臼齒還未長齊的寶寶來說並不好下嚥。萵苣、甜椒、高麗菜等大概要加熱到2歲半至3歲半，牙齒全部長齊為止比較妥當。

寶寶把食物弄得掉來掉去亂七八糟，好麻煩啊！（10個月）

用手把玩食物，是寶寶透過食物的感觸及溫度在學習；掉下去會怎麼樣，對寶寶來說也是充滿好奇的學習。媽媽可以用在地板上鋪報紙等方法，在不讓自己太辛苦的範圍內讓寶寶嘗試。

什麼時候可以開始練習拿湯匙？（10個月）

如果寶寶「拿著湯匙不願放下」或「自己主動想拿」，就不須在意時期，隨時都可以讓寶寶拿。寶寶會從拿著，到拿著移動，然後到往嘴巴送等動作，慢慢熟能生巧。如果寶寶看起來沒有興趣也不用勉強，先讓寶寶用手抓握著吃即可。

寶寶愛喝母奶，副食品只吃一點！（11個月）

①體重增加緩慢②半夜會哭鬧且需要哺乳③白天也頻繁地要求母乳④副食品進展不順利，如果寶寶過了1歲之後還出現以上全部症狀，請考慮讓寶寶斷奶。

牙齒沒長出來也可以照參考進度實行嗎？（11個月）

牙齒生長時期因人而異，就算牙齒還沒長出來，也要觀察寶寶的情形慢慢增加食物的硬度。擠食期會用舌頭壓碎，咬食期會用牙床壓碎食物來吃。

\ 老師教教我 /

Column

爸爸回家時間很晚，晚上的副食品要到九點才能吃(1歲1個月)

夜間較晚時間跟清晨的飲食，會對寶寶的內臟造成負擔並不理想。最晚也要讓寶寶在晚上7點左右吃飯，避免過晚進食，同時 幫助寶寶培養早睡早起的健康規律生活。

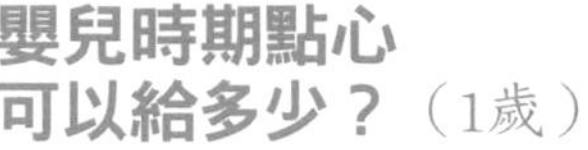

嬰兒時期點心可以給多少？（1歲）

嬰兒時期的點心目的在於補充營養。到白天也還會哺乳的咬食期為止，點心必須控制在極少量（在此之前不給點心），從咀嚼期開始就可以給予較多的量。參考量大約為包括飲料類一天90至150卡。記得時間與量要固定。

真的不能給寶寶吃蜂蜜嗎？（1歲2個月）

為避免嬰兒肉毒桿菌中毒，不可以餵食1歲以下寶寶蜂蜜，因為蜂蜜中可能含有肉毒桿菌。基於相同理由，也不能給1歲以下寶寶吃黑糖。

已經過了1歲卻對用手抓握食物或湯匙沒興趣！（1歲1個月）

一開始可用容易以手抓握的點心嘗試。一旦寶寶自己放進口中，媽媽就要非常誇張地誇獎他。如此一來寶寶就能夠透過自己吃東西的成就感，慢慢培養出用手抓握東西吃或是對湯匙的興趣。

可以給寶寶吃大蒜或薑嗎？（1歲3個月）

大蒜跟薑並不是對身體不好的食材，但由於刺激性強，並不適合寶寶。咬食期之後可以少量添加，但有些寶寶吃太多會出現流鼻血的情形。所以份量必須控制在與大人分食相同菜色時，會攝取到的少量程度為止。

寶寶不咀嚼整個吞下去（1歲3個月）

太硬或太軟都是寶寶不咀嚼的原因，請重新觀察副食品的硬度。稍大的食材可以讓寶寶用手抓握著吃，這樣就可以讓寶寶了解自己一口的量。有時候可能會發生食物卡在喉嚨的情形，但這對寶寶而言也是一種學習。

什麼時候可以從副食品畢業，晉級到幼兒食品呢？（1歲4個月）

「可咀嚼有形狀的食物」、「熱量與營養大部份都從飲食中攝取」，有這些情形就大概表示副食品階段已經結束，可以進入幼兒食品階段。以時間而言，每個寶寶都不相同，大約是1歲到1歲6個月左右。

什麼時候可以開始吃生魚片？（1歲5個月）

不管多新鮮，嚴禁讓寶寶吃生魚片。除了可能會引發過敏之外，還可能會因細菌而引起食物中毒或寄生蟲的危險。要給寶寶吃魚類時，一定要確實煮熟。副食品畢業後的幼兒食品基本上也要避免生魚片。

寶寶可以吃什麼呢？

食材適合與否一覽表

熱量來源食品

類別	食品名	5～6個月左右 吞食期	7～8個月左右 擠食期	9～11個月左右 咬食期	1～1歲半左右 咀嚼期	特徵／添加方法等
米／麵包類	飯	●	●	●	●	好消化吸收，最適合用來做副食品。
	吐司	▲	●	●	●	可能會引發小麥過敏，吞食期後半再開始添加。
	奶油捲	▲	●	●	●	脂質是吐司的兩倍以上。不可選擇使用人工奶油的製品。
	麻糬	×	×	×	×	有噎到窒息的危險，兩歲之前絕對嚴禁添加。
麵類	烏龍麵	▲	●	●	●	調理得夠黏稠的話，吞食期後半開始可以嘗試。
	麵線	×	●	●	●	其實鹽分頗高，所以一定要先煮過去鹽。
	義大利麵／通心粉	×	▲	●	●	較有咬勁，從咬食期開始較好。
	米粉	×	▲	●	●	用熱水泡軟後切成容易入口的大小。
	涼麵	×	×	×	▲	不易消化，1歲後想換換口味時可偶爾添加。
	蕎麥麵	×	×	×	×	為預防過敏，副食品時期不予添加。
其他	馬鈴薯	●	●	●	●	是副食品時期的熱量來源，也含有豐富的維生素。
	地瓜	●	●	●	●	甜味很受寶寶歡迎，吞食期開始即扮演重要角色。
	玉米片	×	●	●	●	要挑選沒有糖霜的原味玉米片。
	鬆餅粉	×	×	▲	●	含有糖分，注意不要添加過多。

蛋白質來源食品

類別	食品名	5～6個月左右 吞食期	7～8個月左右 擠食期	9～11個月左右 咬食期	1～1歲半左右 咀嚼期	特徵／添加方法等
黃豆製品	豆腐	●	●	●	●	富含蛋白質且容易消化吸收，副食品時期即大大活躍。
	豆乳	●	●	●	●	無糖沒有特殊調味的可從吞食期開始。
	黃豆粉	●	●	●	●	粉狀會有被吸入氣管的危險，一定要跟其他食材攪拌沾上水分後才可以給寶寶。
	日式脫水凍豆腐	▲	●	●	●	營養成分高於豆腐，磨泥使用也相當方便。
	納豆	×	●	●	●	一開始要切碎再加熱，幫助寶寶消化吸收。
	水煮黃豆	×	×	●	●	剝去不易消化的薄皮後再切或磨碎。
	油豆腐	×	×	▲	▲	去油後油分還是偏多，不須要勉強使用。
蛋	蛋黃	×	●	●	●	擠食期後可從1小匙全熟蛋蛋黃開始。
	蛋白（全蛋）	×	▲	●	●	擠食期後半習慣蛋黃後可慢慢嘗試。
	溫泉蛋／半熟蛋	×	×	×	●	有引發過敏的疑慮，半熟蛋從1歲以後開始。
乳製品	原味優格	×	●	●	●	易消化吸收，口感滑順，用於攪拌料理十分方便。
	生奶油（乳脂肪100%）	×	▲	●	●	擠食期開始，1次最多1小匙，不可選擇咖啡用的。
	牛奶	×	●	●	●	加熱後使用。作為飲料使用的話要從1歲開始。
	茅屋起司	×	●	●	●	脂肪鹽分較少，適合寶寶攝取。
	加工起司	×	●	●	●	脂肪鹽分較多，僅限於少量調味程度。
魚類	鯛魚	●	●	●	●	引起過敏的疑慮較小，最適合作為寶寶第一次嘗試的魚類。
	比目魚／鰈魚	●	●	●	●	皆為低脂肪魚類，對胃腸不會造成負擔。

用●▲×來標示食材適不適合寶寶

● 處理成方便寶寶食用的形狀或硬度即可適量攝取。
▲ 有附加條件，例如「依照寶寶情形只可少量」等。
× 鹽分或脂肪太多等，不適合寶寶攝取。

本表是針對消化吸收還未成熟的寶寶而整理的食材導引。如果不清楚某個食材什麼時候可以給寶寶吃，看這張表就對了！

蛋白質來源食品

分類	食品名	吞食期 5～6個月左右	擠食期 7～8個月左右	咬食期 9～11個月左右	咀嚼期 1～1歲半左右	特徵／添加方法等
魚類	土魠魚	×	▲	●	●	習慣了鯛魚、比目魚、鰈魚後可以慢慢嘗試。
	鱈魚	×	×	●	●	有引發過敏的疑慮，咬食期之後再開始比較適當。
	鮭魚(生)	×	●	●	●	脂肪較多須從擠食期開始。要選擇生鮭。
	鮪魚／鰹魚	×	●	●	●	鮪魚要選擇紅肉，鰹魚要選擇背部(脂肪較少的部位)。
	劍旗魚	×	●	●	●	低脂肪高蛋白質，沒有骨頭調理起來也輕鬆。
	竹筴魚/沙丁魚/秋刀魚	×	×	●	●	小骨頭很多要仔細去除，把肉弄散一些讓寶寶好入口。
	青魽魚	×	×	▲	●	脂肪較多的「冬季青魽」適合水煮及烤。
	鯖魚	×	×	▲	●	容易引發過敏，每次添加時須謹慎且少量。
	生魚片	×	×	×	×	生食絕對不行。壽司也不行，一定要徹底加熱。
其他海鮮類	干貝	×	▲	●	●	經過加熱調理的話可從擠食期開始少量添加。
	牡蠣	×	×	●	●	肉質軟營養豐富，添加時要徹底加熱。
	蛤蜊	×	×	●	●	加熱後會變硬，要切細一點。
	烏賊／章魚	×	×	▲	●	煮軟邊敲邊切等等，須花工夫調理。
	蝦子／螃蟹	×	×	×	▲	有引發過敏的疑慮，在副食品時期也可避免添加。
海鮮類加工製品	魩仔魚乾	●	●	●	●	一定要去鹽分，較乾糙的可以從咬食期開始。
	柴魚	▲	●	●	●	除了可以製作高湯之外，還可以弄碎與副食品攪拌。
	水煮鮪魚罐頭	×	●	●	●	無添加食鹽的最好。將多餘湯汁去除再使用。
	醃鮭魚	×	×	▲	▲	選擇撒鹽的或是浸鹽水處理過的，烤過後再過熱水去除鹽分。
	醃竹筴魚	×	×	×	▲	鹽分太高，自己煎生竹筴魚比較理想。
	竹輪／半片	×	×	▲	▲	鹽分與添加物過多，僅限於偶爾少量的使用。
	魚肉香腸	×	×	×	●	特徵是咬起來很軟且好入口，盡量選擇無添加製品。
	鰻魚燒	×	×	×	▲	挑出沒有沾到沾醬的部份使用，僅限於偶爾且少量。
	醃鱈魚卵	×	×	×	▲	鹽分較多，徹底加熱後僅限於少量增添風味的程度。
	魚板	×	×	×	×	鹽分添加物過多，且彈性太強太難咀嚼。
肉類	嫩雞胸肉	×	●	●	●	低脂肪且對胃的負擔小，可作為嘗試肉類的開始。
	雞胸肉／雞腿肉	×	▲	●	●	習慣嫩雞胸肉後即可添加。要將皮與脂肪部份去除。
	雞絞肉	×	▲	●	●	盡量選擇無皮的胸肉或是嫩雞胸肉的絞肉。
	牛肉／牛絞肉	×	×	●	●	習慣雞肉之後，可從咬食期開始添加，也能補充鐵質。
	豬肉／豬絞肉	×	×	●	●	習慣牛肉之後，可從脂肪少的紅肉開始嘗試。
	牛豬混合絞肉	×	×	▲	●	避開看起來較白脂肪較多的肉，選擇紅肉較多的。
	肝臟	×	×	●	●	雞、牛、豬的可以添加，但要徹底加熱。
肉類加工品	火腿	×	×	×	▲	習慣豬肉以後，選擇添加物較少的。
	培根／熱狗	×	×	×	▲	鹽分、脂肪較多，僅限於提味用。

	食品名	吞食期 5～6個月左右	擠食期 7～8個月左右	咬食期 9～11個月左右	咀嚼期 1～1歲半左右	特徵／添加方法等
維生素、礦物質來源食品						
蔬菜類	紅蘿蔔	●	●	●	●	富含β-胡蘿蔔素。煮軟後磨泥口感就會綿滑。
	南瓜	●	●	●	●	具甜味適合用於副食品。用微波加熱很方便。
	番茄	●	●	●	●	去皮去籽後再處理。加熱能提升甜味。
	番茄罐頭(整顆)	●	●	●	●	必須選用無添加製品。番茄汁也是一樣。
	菠菜／小松菜	●	●	●	●	富含鐵質。特別是咬食期之後容易缺乏鐵質，很適合給寶寶添加。
	綠花椰菜	●	●	●	●	富含維生素C。擠食期為止只能給花蕾尖端部分。
	高麗菜／白菜	●	●	●	●	纖維質多所以要加熱煮軟後再切碎。
	洋蔥／蔥	●	●	●	●	充份加熱就會變甜，從吞食期即可添加。
	白蘿蔔／蕪菁	●	●	●	●	皮要削厚一點。白蘿蔔選擇有甜味的部分。
	埃及國王菜	●	●	●	●	具強烈黏性，非常適合用來增添副食品所需的黏性。
	蠶豆	●	●	●	●	富含維生素B1。煮熟後剝去薄皮使用。
	黃豆苗	▲	▲	●	●	把鬚鬚去掉煮過後調理成方便食用的狀態。
	茄子／小黃瓜	●	●	●	●	把硬皮除去再調理。茄子要加熱至軟。
	萵苣	●	●	●	●	切碎後水煮或炒，要加熱以便食用。
	綠蘆筍	●	●	●	●	剝去下半部的薄皮，口感就會變軟。
	秋葵	●	●	●	●	縱切對半，去籽後煮軟。
	甜椒／青椒	●	●	●	●	具甜味的甜椒比較好。剝皮後調理。
	蓮藕／牛蒡／香菇	×	×	●	●	纖維質較多，加熱後也還是偏硬，所以咬食期之後再添加。
	菇類	×	▲	●	●	富含食物纖維，從擠食期可開始添加，要細細切碎。
	大蒜／薑	×	×	▲	▲	刺激性強，不適合給寶寶食用。須控制在與大人分食時會攝取到的程度為止。
水果	香蕉	●	●	●	●	甜甜的又好壓碎，也可當做副食品的主食。
	蘋果／草莓／桃子 橘子／柳橙等	●	●	●	●	幾乎所有的水果都可以從吞食期開始添加。不過由於還是會有過敏的疑慮，所以一開始要加熱過才行。
	酪梨	×	▲	▲	●	雖營養豐富，但脂肪較多所以1歲為止只能少量。
海藻類	烤海苔	▲	●	●	●	可切碎或撕碎，最適合加在粥或攪拌料理中。
	羊栖菜	▲	●	●	●	富含鐵質與食物纖維。用水泡軟後再使用。
	海帶芽	×	▲	●	●	鹽漬海帶要先將鹽分充分去除，要調理得夠軟。

其他食品	吞食期 5～6個月左右	擠食期 7～8個月左右	咬食期 9～11個月左右	咀嚼期 1～1歲半左右	特徵／添加方法等
寶寶果汁&蔬菜飲料	▲	▲	▲	▲	不要影響到副食品的攝取，以月齡X10ml為參考值。
果醬	×	▲	▲	▲	就算是低糖果醬，咬食期時也是限於1小匙。
明膠	×	×	×	▲	有可能會引起過敏。寒天的話咬食期開始可以攝取。
蜂蜜／黑糖	×	×	×	●	有感染肉毒桿菌的危險，要1歲以後才可以。

冷凍副食品各食材與時期索引

★代表不須冷凍或既有食材。頁數數字顏色代表各時期。
● 吞食期 ● 擠食期 ● 咬食期 ● 咀嚼期

熱量來源食品

維生素、礦物質來源食品

蛋白質來源食品

一週副食品，140 道冰磚食譜 暢銷修訂版

作者・營養指導／上田玲子
調理指導・製作／堀江沙和子
翻　譯／林品秀
選　書／陳雯琪
主　編／陳雯琪
特約編輯／潘嘉慧

行銷經理／王維君
業務經理／羅越華
總編輯／林小鈴
發行人／何飛鵬
出　版／新手父母出版
城邦文化事業股份有限公司
台北市中山區民生東路二段 141 號 8 樓
電話：(02) 2500-7008　傳真：(02) 2502-7676
E-mail：bwp.service@cite.com.tw
發　行／英屬蓋曼群島商家庭傳媒股份有限公司城邦分公司
台北市中山區民生東路二段 141 號 11 樓
讀者服務專線：02-2500-7718；02-2500-7719
24 小時傳真服務：02-2500-1900；02-2500-1991
讀者服務信箱 E-mail：service@readingclub.com.tw
劃撥帳號：19863813
戶名：書虫股份有限公司

香港發行所／城邦（香港）出版集團有限公司
香港灣仔駱克道 193 號東超商業中心 1F
電話：(852) 2508-6231　傳真：(852) 2578-9337
E-mail：hkcite@biznetvigator.com
馬新發行所／城邦（馬新）出版集團 Cite(M) Sdn. Bhd. (458372 U)
11, Jalan 30D/146, Desa Tasik,
Sungai Besi, 57000 Kuala Lumpur, Malaysia.
電話：(603) 90563833　傳真：(603) 90562833

封面、內頁排版／徐思文
製版印刷／科億彩色製版印刷有限公司
2021 年 06 月 2 版 1 刷　Printed in Taiwan
定價 380 元
ISBN 978-986-5752-98-9

國家圖書館出版品預行編目 (CIP) 資料

一週副食品,140 道冰磚食譜 暢銷修訂版 / 上田玲子, 堀江佐和子作；林品秀譯. -- 2 版. -- 臺北市：新手父母出版, 城邦文化事業股份有限公司出版：英屬蓋曼群島商家庭傳媒股份有限公司城邦分公司發行, 2021.06
面；　公分. -- (育兒通；SR0078X)
ISBN 978-986-5752-98-9(平裝)
1. 育兒 2. 小兒營養 3. 食譜
428.3　　110008251

國家圖書館出版品預行編目（CIP）資料

一週副食品，140道冰磚食譜 / 上田玲子，
堀江佐和子作；林品秀翻譯. -- 初版. -- 臺北
市：新手父母，城邦文化出版：家庭傳媒城
邦分公司發行，2015.09
面；　公分. -- (育兒通系列；SR0078)
ISBN 978-986-5752-30-9(平裝)

1. 育兒 2. 小兒營養 3. 食譜
428.3　　　　104015061